LA PARTÍCULA DE DIOS

El origen del Universo, hoy.
La verdad última entre la ciencia
y la religión

Oscar Martello

LA PARTÍCULA DE DIOS

El origen del Universo, hoy.
La verdad última entre la ciencia
y la religión

CONJURAS

 L.D. Books

La partícula de Dios
© Oscar Martello, 2015

 **L.D. Books**

D.R. ©Editorial Lectorum, S.A. de C.V., 2015
Batalla de Casa Blanca Manzana 147 A, Lote 1621
Col. Leyes de Reforma, 3a. Sección
C. P. 09310, México, D. F.
Tel. 5581 3202
www.lectorum.com.mx
ventas@lectorum.com.mx

Primera edición: agosto de 2015
ISBN:978-1975992897

Colección **CONJURAS**

D.R. ©Portada e interiores: Mariel Mambretti

Características tipográficas aseguradas conforme a la ley.
Prohibida la reproducción total o parcial sin autorización escrita del editor.

Introducción

Ya desde tiempos remotos, el hombre comenzó a preguntarse sobre su origen; sobre ese desconocido suceso que un día lo puso en un lugar central en la Tierra. Superchería y religión; magos, sacerdotes y profetas le fueron hablando de luces y sombras, de dioses y diablos, lo que aplacó en gran medida su curiosidad y, de paso, disciplinó –hasta cierto punto– a las tribus para no destruirse mutuamente.

La pregunta sobre el origen del hombre fue dando paso lentamente a un interrogante mayor: ¿cómo nació el Universo todo? Sin ese todo, no habría la parte que nos toca; no habría un planeta que pudiese cobijar al hombre.

Antes de afrontar, por inabordable, ese interrogante mayor, el hombre fue en busca de respuestas menos pretenciosas: ¿Estábamos solos en el universo? ¿Era la Tierra el principio y el final de todo? ¿Era plana, sostenida por enormes elefantes, o inexplicablemente redonda?

Aquellos interrogantes, sazonados con promesas de hogueras para quienes osasen desafiar las afirmaciones de los representantes de Dios en la Tierra, fueron los primeros escarceos en la lucha entre ciencia y la religión. Claro, éstos se harían más bruscos con el paso de los años, con la fe en el progreso ilimitado y con la irrefrenable curiosidad de los científicos.

El hombre supo un día, y finalmente, que la Tierra era redonda, que giraba alrededor del Sol, y que lejos estaba de ser el único cuerpo que habitaba el universo. Supo de galaxias, de estrellas y de planetas, y entonces aquel interrogante final y dilemático comenzó a volverse imperioso: ¿Cuál era el origen de ese inabarcable universo que empezaba a dejarse ver a los inquisidores ojos de los telescopios?

Tímidamente, la religión se fue retirando de la disputa pública, aunque conservando siempre una carta ganadora. ¿Cómo habría podido aparecer la primera partícula en el universo si se sacaba a Dios del juego?

En 1929, Edwin Powell Hubble, un astrónomo estadounidense, acaso el padre de la cosmología observacional, demostró la expansión constante del universo, algo que Albert Einstein ya había predicho pero que luego, espantado, consideró un error.

La demostración de Hubble, que probaba el "corrimiento al rojo" (incremento en la longitud de onda de radiación electromagnética) de galaxias distantes, o sea, demostraba que la mayoría de las nebulosas extragalácticas se alejan gradualmente de la Tierra, fue un paso crucial para entender cuál era el comportamiento del universo. No lo fue, en cambio, para explicar su origen.

Sin embargo, las ecuaciones de Hubble, aunque no explicaban el origen del universo, abrieron la puerta para que una sólida teoría de los orígenes, la del Big Bang, asegurara que, hace 10.000 o 20.000 millones de años, existió una gran explosión que dispersó toda la materia concentrada en un punto decena de miles de veces más pequeño que el núcleo de un átomo.

Con todo, y a pesar de que la teoría del Big Bang se fue consolidando a partir de su buen rendimiento en cuanto a demostraciones científicas, no sacaba a Dios del inicio de todo.

Si sacamos a Dios de ese fenómeno, ¿quién creó toda esa materia que se concentró en un punto infinitamente pequeño, y estalló luego? El argumento tenía su peso, y lo seguiría teniendo, siempre y cuando no hubiera nuevas pautas a la vista.

La gran paradoja es que los científicos comenzaron a trabajar sobre la hipótesis de la gran explosión no sólo a partir de las demostraciones de Hubble, sino también de las afirmaciones de Georges Lemaître, un sacerdote belga que, allá por los años 20 del siglo pasado, procurando sostener a Dios en la disputa con la ciencia, sugirió que el universo había tenido su origen en un átomo primigenio.

Ya a inicios de los años 60, Peter Ware Higgs luchaba en su laboratorio, rodeado de cálculos, para tratar de demostrar que las partículas no tenían masa cuando el universo se originó. Para entonces, ninguna teoría –como no fuesen la del sacerdote belga y la de la "conciencia creadora"– podía explicar los orígenes de la masa, a la sazón, una propiedad ineludible de la materia.

Al fin, en 1964, Higgs, junto a otros científicos, completó la formulación científica según la cual el *bosón*, una partícula elemental sin carga eléctrica ni color, y que puede vivir apenas un zeptosegundo (la miltrillonésima parte de un segundo), era quien creaba la masa.

Higgs y sus colaboradores habían logrado destruir la hipótesis del átomo primigenio, pero sólo en 2012 pudo ser comprobada la existencia real del "bosón de Higgs", gracias al gran colisionador de hadrones montado en Ginebra, Suiza.

Ya no era Dios el autor de la masa…; aunque había nacido otra creación del Todopoderoso, tal como definió el premio Nobel León Lederman al bosón de Higgs: "La partícula de Dios".

Sobre ella hablaremos en las próximas páginas.

Capítulo 1
Preguntar, ese oficio del hombre

"La raza humana necesita un desafío intelectual. Debe ser aburrido ser Dios, y no tener nada por descubrir".

Stephen W. Hawking

Se sabe que el *Homus erectus* se topó con el fuego, por primera vez, hace aproximadamente 1.600.000 años. Pero sólo 800.000 años más tarde logró dominarlo; esto es, producirlo, alimentarlo, mantenerlo.

No eran buenos tiempos como para preguntarse sobre el origen del universo (en especial, para quien aún no contaba con el habla), pero sí para interrogarse acerca de aquella bendición que había caído del cielo, y que mejoraba sustancialmente la calidad de vida de esos seres. Enfrentados a la oscuridad de la noche, al frío, y a los ataques de animales feroces y poderosos, nuestros abuelos remotos hallaron un gran aliado en esas oscilantes llamas.

Tampoco eran tiempos de religión, de dioses, de sacerdotes o templos. Apenas un animismo más terrorífico que contenedor envolvía la vida. Esos hombres compartían con el actual, sin embargo, un poderosísimo motor, ese que hizo del humano el más maravilloso ser vivo que habita la Tierra: la curiosidad.

Ese fuego que, casi con seguridad, el *Homo erectus* vio por primera vez cuando un rayo incendió la vegetación circundante, debía ser atrapado y dominado de alguna manera, para que pudiera servirle, y no amenazarlo. Ninguna casta religiosa condenaba el uso "abusivo" de la curiosidad. Estaba sólo la Naturaleza, la gran proveedora y, también, la gran enemiga que podía blandir los peores cataclismos. Pero, ya en esos albores, el hombre se dispuso a desafiarla. Y no fue en vano.

De Prometeo a los estudios sistemáticos

Durante miles de años, el fuego, robado por Prometeo a los dioses, acompañó la evolución del hombre, y éste le respondió haciendo de él un culto tan poderoso como el que se le tributaba al Sol. Caldeos, persas y griegos alzaron templos en su nombre, y se lo consideraba una gracia que les había regalado el cielo.

Sin embargo, como en los albores, el ser humano volvió a escuchar con más atención su curiosidad que a los sacerdotes, y el rayo de Zeus y el calor de Helios ya no lo satisficieron.

Lo cierto es que, hasta bien entrado el siglo XVIII, cuando el padre de la química moderna, Antoine-Lauret de Lavoisier, logró explicarlo convenientemente, la humanidad desconocía el proceso de la combustión. Llevaba siglos conviviendo y valiéndose del fuego, pero ignoraba cuál era la mezcla química que hacía arder ciertos materiales.

Era menester desafiar una vez más a los sacerdotes, y fue un alquimista y físico alemán, de nombre Johann Becher, quien en 1667 postuló, por primera vez, una teoría al respecto.

Becher, y su entusiasta compatriota Georg Ernst Stahl, un médico y químico nacido en la pequeña ciudad alemana de Ansbach, elaboraron y defendieron una hipótesis sobre una rara sustancia, carente de peso e invisible a los ojos, a la que Becher bautizó como "azufre flogisto". Ésta, que rápidamente se conoció sólo como "flogisto" ("inflamable", en griego), era la responsable de que ciertos materiales ardieran. Sólo los materiales —según aseguraban Becher y Stahl— que poseían flogisto eran capaces de ser combustibles.

Para sostener su hipótesis, Becher decidió reacondicionar la jerarquía teórica de los cuatro elementos, consagrada muchos años antes de que el alemán naciera: tierra, agua, aire y fuego no eran equiparables para el alquimista germano. Sólo la tierra y el agua, decía, eran los elementos fundamentales. El aire y el fuego apenas eran complementos transformadores.

Como ocurriría varios siglos después, cuando algunos científicos comenzaron a elaborar sus teorías sobre el origen del universo, Becher carecía de información empírica y optó por una especulación conveniente para sostener su hipótesis. Todos los cuerpos, según afirmaba, estaban compuestos de tierra y agua en diferentes proporciones. Pero, además, también el componente "tierra" tenía sus particularidades. Existía, según el alemán, un tipo de tierra de aspecto vítreo, que podía observarse con claridad, por ejemplo, en las piedras; había otro tipo de tierra, a la que él denominaba grasa, capaz de favorecer la inflamabilidad; y, por último, aquella que se distinguía por su fluidez, propia de los líquidos.

Los cuerpos a considerar, entonces, eran los de la segunda especie: aquellos que estaban constituidos por esa tierra grasa (azufre, la llamaban los alquimistas). Dicha tierra –afirmaron Becher y Stahl– tenía la propiedad de contener esa sustancia sin peso ni olor ni visibilidad que, sin embargo, hacía que ese cuerpo fuese inflamable.

A pesar de que ninguno de los dos alemanes había podido demostrar en forma empírica sus postulados, la teoría del flogisto se expandió rápidamente por Europa y ganó adeptos.

Joseph Priestley, por ejemplo, un científico y teólogo británico, estuvo muy cerca de comprobar que era el oxígeno y no el flogisto el comburente (sustancia que logra la combustión o la acelera) que hacía arder los cuerpos combustibles. Llegó, incluso, a denominar "aire flogistizado" al elemento que producía la combustión, mientras desarrollaba su teoría sobre "fluidos elásticos" (gases). Creía que dicho elemento simplemente actuaba como comburente porque contenía flogisto.

Hasta 1785, en que Lavoisier presentó y demostró la ley de la conservación de la materia ("Nada se pierde, todo se transforma"), para los alquimistas del siglo XVII y mediados del siglo XVIII era impensable que tras una combustión no hubiese pérdida de peso en los residuos. Ninguno, entonces, se ocupó de pesar las cenizas.

Avanzar dos pasos, retroceder uno

La teoría del flogisto, aceptada durante tantos años fue, acaso, uno de los mayores logros de los alquimistas europeos del siglo XVII y mediados del XVIII.

Tal vez, porque, después de las incansables búsquedas de la "piedra filosofal" y del "elixir de la vida", la teoría del flogisto fue la que más se acercó a los arrabales de la ciencia moderna. La ciencia avanzaba en espiral, no en línea recta, pero avanzaba.

Sin embargo, quienes teorizaron sobre aquella rara sustancia, incluidos Becher y Stahl, estaban más cerca de la magia, de la religión, del animismo y del misticismo que de la ciencia; por lo cual quedaron inexorablemente encorsetados en esa visión del mundo.

Muchos de aquellos alquimistas se identificaban con el rosacrucismo (Orden de la Rosa Cruz) y habían leído *La Verdadera y Completa Preparación de la Piedra Filosofal, de la Hermandad de la Orden de la Rosa Cruz de Oro*, una obra esotérica aparecida en 1710 y escrita por Samuel Richter, bajo el seudónimo de Sincerus Renatus; un trabajo que, antes que nada, fijaba las reglas que debían respetar quienes pretendiesen ser admitidos en dicha orden.

Además, para aquellos alquimistas, incluso para los que más se empeñaron en comprender determinados fenómenos naturales, la búsqueda de la piedra filosofal nunca dejó de ser un imperativo. Era ella la que podía convertir los metales bases en oro o plata; pero, más que eso, era la que les podía permitir la iluminación y la felicidad celestial.

En un solo párrafo, Juan Ignacio Cuesta define lo que era, en verdad, el objetivo de los alquimistas:

"Purificar la materia en busca de lo noble podía tener un paralelo capaz de proporcionar un buen justificante a tanto trabajo, purificarse a sí mismos. El verdadero adepto no buscaría sólo resultados materiales, sino que éstos eran el punto de referencia donde reflejar una operación sobre el propio espíritu en busca de alcanzar una realidad superior, negada a la mayoría de los hombres. Era la alquimia espiritual la verdadera, a decir de muchos, aunque otros sólo contemplasen la vigencia de la material".

Es cierto, los alquimista dejaron tras su paso pocos resultados científicos relevantes, pero aquellos hombres, tan ocupados en la composición de los metales como en la filosofía y el arte, fueron quienes acabarían abriéndoles la puerta a la química y a la física modernas.

El cielo en un disco

El fuego fue, sin dudas, el gran compañero del hombre a lo largo de su evolución. Lo aterrorizó al principio, se dejó domesticar después, y caminó junto a él a lo largo de su historia. Y una de las principales razones por las que hombre pudo dominar al fuego y ponerlo a su servicio fue la proximidad. Sí, el fuego estaba, o podía estar, cerca.

No ocurrió lo mismo con el cielo, esa entidad distante que, cada tanto, se empeñaba en castigar al minúsculo ser humano. Inalcanzable y misterioso, el cielo fue, sin embargo, tan atractivo, que el hombre jamás pudo quitar los ojos de él. Allí habitaban la bondad, e incluso la maldad; allí se escondía el gran misterio de la vida.

Hace más de 3.000 años, el hombre debía apenas conformarse con lo que sus ojos podían mostrarle del firmamento lejano, plagado de puntitos luminosos y con un gran círculo plateado de noche, o con el enorme globo naranja que durante el día le proporcionaba calor y luz.

Ya por entonces, el hombre comenzó a ensayar predicciones respecto del movimiento de los objetos celestes, y de la influencia que éstos podían tener en su vida cotidiana.

En 1999, en el monte Mittelberg, en Alemania, un grupo de arqueólogos descubrió lo que luego darían en llamar "disco celeste de Nebra" (Nebra es la ciudad próxima a ese monte). Era una placa de bronce, redonda, de unos 2 kilos de peso y de 32 centímetros de diámetro. Luego, comprobaron que se trataba de la más antigua representación del firmamento conocida, pues se estableció su data en unos 1.600 años antes de Cristo.

El disco, cubierto de pequeños circulitos blancos que representan las estrellas, incluye un círculo mayor, que es la luna llena (o el sol, según algunos investigadores), y a su derecha se ve la representación de la luna en cuarto creciente.

Pero, entre ambas lunas (la llena y la de cuarto creciente), aquella comunidad que observaba el cielo y talló el disco ya había descubierto las Pléyades, o las Siete Hermanas, ese grupo de estrellas bien visibles durante la noche, que luego ocuparía un sitio privilegiado en la mitología.

Sobre los bordes, a derecha e izquierda del disco, los observadores primitivos habían dibujado dos arcos que representaban la salida y la puesta del sol.

Lo más significativo del hallazgo fue que los astrólogos comprobaron que el disco había sido enriquecido por etapas: se le agregaban representaciones según los conocimientos que aquella comunidad prehistórica iba adquiriendo respecto del cielo. La primera versión del disco, por ejemplo, no incluía la representación de la salida y la puesta del sol. Los arcos, que fueron agregados luego, tienen el ángulo exacto que forma el recorrido del sol entre el momento en que se asoma y el ocaso, entre el solsticio de invierno y el de verano, en la latitud en la que fue hallado el disco.

Por último, en la parte inferior, se agregó otro arco que representa la barca solar; aquella barca en la que, según los egipcios, navegaba el dios Ra, simbolizando el camino de la vida, similar al trayecto que recorre el sol a lo largo del día. La barca iba desde el nacimiento de un ser humano hasta su muerte. O sea, desde la salida del sol hasta el ocaso.

El inicio de un largo camino

Como se ve, esos astrólogos de la prehistoria, al igual que luego los alquimistas del siglo XVII, combinaban la ciencia con la religión y, si se quiere, con la filosofía, sin dejar de lado un toque metafórico o poético. Tenían una mirada propia y particular del mundo y de la vida del hombre, y la plasmaban. Aún la ciencia no era independiente de las miradas individuales, pero iba despuntando.

En un trabajo para arqueoastronomía (o sea, las manifestaciones antiguas de esta ciencia), el investigador José Lull pasa revista a diferentes interpretaciones que los astrónomos han hecho respecto del significado que cada elemento tiene en el disco. Por ejemplo, Wolfhard Schlosser, astrónomo de la Universidad de Bochum, Alemania, opina, respecto del disco mayor, que podría ser tanto una luna llena como el sol. Dice Lull:

"Para el disco dorado, Schlosser supone más interpretaciones. Sol, luna llena, eclipse lunar. De hecho, para él también cabría la posibilidad de que la media luna representase un eclipse parcial, solar o lunar. Lo cierto es que, si la luna creciente se mueve por encima de las Pléyades, una semana después es posible un eclipse lunar. Esto se produce una vez cada diez años. Por el contrario, si la luna pasa por debajo, esta opción queda excluida. Por ello, el disco dorado podría simbolizar la luna oscurecida durante el eclipse. Según esto, los hombres de Nebra sabrían calcular eclipses lunares".

Los astrónomos relevados por Lull tienen, en muchos casos, interpretaciones sustancialmente distintas respecto de la simbología que los hombres de la Edad de Bronce procuraron expresar en el disco.

Algo, sin embargo, es concreto: 1.600 años antes de Cristo, el hombre ya sentía fascinación por todo ese universo que estaba fuera de su alcance, al menos de forma material, táctil. Trataba, entonces, de interpretarlo, de conocerlo, de descubrirlo.

Aquellos astrónomos de la prehistoria habían comenzado a recorrer un camino que, en el 2012, desembocó en el colisionador de hadrones, que pudo descubrir la huidiza "partícula de Dios". Pero faltaban muchos insomnios y esfuerzos todavía.

La gran revolución

Su nombre polaco era Nikolaj Kopernik, pero fue rebautizado en latín como Nicolaus Copernicus, y pasó a nuestra lengua como Nicolás Copérnico. Había nacido en la bella ciudad de Torun, a la vera del río Vístula, y fue el más brillante astrónomo que dio el Renacimiento. Nació en 1473 y falleció en 1543.

Su nombre ha quedado ligado a los saltos trascendentes del conocimiento; así, un logro determinado en cualquier ciencia suele ser presentado como una "revolución copernicana", volviendo adjetivo su apellido latinizado.

Entre el siglo XIII y el siglo XIV, el hombre ya se había empecinado en mirar al cielo, y contaba con muchas más herramientas que esos astrónomos de la prehistoria. El cielo, en realidad, era "el Universo", y en esa infinitud inacabable estaban la Tierra, la Luna y también el Sol.

Algo inquietaría a Copérnico, algo aceptado ya sin discusión. Los hombres del Renacimiento, y particularmente por efecto de la Iglesia Católica, mantenían un axioma (ley incontrastable) que databa de los tiempos de Aristóteles:

la Tierra estaba en el centro del Universo, inmóvil. Eran la Luna y el Sol los que giraban en torno de ella.

El gran maestro griego, que metió las narices en todas las disciplinas de su tiempo, había afirmado también que el Universo era esférico, finito, con la Tierra en el centro. Además, desconociendo el concepto de gravedad (300 años antes de Cristo era imposible que ese concepto pasase por la mente de un hombre), Aristóteles afirmaba que los cuerpos más pesados caen de forma más rápida que los más livianos, si sus formas son iguales. Debía llegar Galileo Galilei para probar el error... Pero volvamos a nuestro revolucionario polaco.

Para Copérnico, la teoría de un sabio "menor", Aristarco de Samos, era mucho más sólida y coherente que la de Aristóteles. Aristarco postulaba el modelo heliocéntrico, o sea, colocaba el Sol en el centro del Universo, no la Tierra.

Para los astrónomos de los tiempos de Aristóteles, y también de Aristarco, el firmamento era una confirmación indubitable de lo que decía Aristóteles. Desde la Tierra, los planetas, el Sol y la Luna giraban en torno a ese centro del universo que era la Tierra. Sin embargo, para el griego Aristarco, existía un dato que lo inducía a pensar que, en rigor de verdad, era el Sol el centro del universo.

El hombre nacido en Samos, que además era un matemático de fuste, había calculado que, en el momento en que la Luna estaba en cuarto creciente o cuarto menguante, ella, el Sol y la Tierra formaban un ángulo recto, y el ángulo opuesto al cateto mayor era de 87°. Eso le informaba que el Sol era 20 veces más grande que la Tierra (aunque, en realidad, es 400 veces más grande); por su tamaño, entonces, debía ser necesariamente el centro, y el resto debía orbitar a su alrededor.

Casi nada había quedado de los trabajos del astrónomo griego cuando Copérnico comenzó a hacer sus propias investigaciones. Uno de los incendios que padeció la célebre biblioteca de Alejandría transformó en cenizas los estudios de Aristarco. Sí sobrevivió, en cambio, aquel cálculo errado respecto del tamaño del Sol; y esto, aparentemente, le bastó al polaco de Torun para hacer a un lado la teoría de Aristóteles.

En 1533, buena parte de la teoría de Nicolás Copérnico había llegado a oídos de sabios y científicos de Europa, sin que el propio autor se hubiese decidido aún a publicarla. ¿Le faltaba corroborar determinadas afirmaciones o la demora obedecía a cuestiones que no tenían que ver con lo estrictamente científico?

La duda no es forzada porque Copérnico era, además de astrónomo, matemático, jurista, físico, economista y... clérigo católico. Y, acaso, el manifiesto interés mostrado por Clemente VII para conocer su teoría, cuando fue informado de los trabajos del polaco, lo convenció de tomarse un tiempo más... Tanto, que su obra fundamental sólo fue publicada luego de su muerte.

En 1543, poco tiempo después de la muerte de Nicolás Copérnico, Andreas Osiander, un editor alemán, publicó *De revolutionibus orbium coelestium* (Sobre las revoluciones de las esferas celestes), la obra en la que Copérnico desarrolla toda su teoría respecto del universo.

Allí, Copérnico dice que los movimientos de los planetas son uniformes y circulares; que todos giran alrededor del Sol; que las estrellas son cuerpos lejanos que, a diferencia de los planetas, no orbitan alrededor del Sol; que la Tierra rota sobre su propio eje (movimiento diario), se traslada orbitando alrededor al Sol (una vuelta completa cada 365 días), y tiene un movimiento de nutación, que es la oscilación periódica de su eje de rotación.

Además, Copérnico ya identifica en su obra el orden en que los distintos planetas (conocidos entonces) orbitan alrededor del Sol: Mercurio, Venus, la Tierra con la Luna, Marte, Júpiter y Saturno.

Con pluma siempre provocadora, el historiador, filósofo y narrador mexicano Carlos Tello Díaz procura leer en la mente y las intenciones de ese genio que fue Copérnico. Dice respecto de sus conclusiones:

"Copérnico no llegó a estas conclusiones por medio de una mejor observación de los movimientos en el cielo, con el concurso de instrumentos más finos, como lo haría Galileo [...]. En sus estudios, en efecto, prefirió hacer uso de las observaciones hechas ya por los caldeos, los griegos y los árabes. Su obra no fue así el resultado de un método inductivo aplicado a la observación de los astros, sino el producto de la intuición. El sistema heliocéntrico le pareció a Copérnico más elegante, estéticamente superior al sistema geocéntrico de Ptolomeo, sin por ello suponer que, además de bello, su sistema fuera verdadero en un sentido más amplio –es decir, fuera una descripción objetiva del universo tal como es".

Lo cierto es que, si el genial Copérnico no publicó su trabajo *(De revolutionibus...)* –que, por lo que se sabe, ya estaba concluido en 1532–, por temor a que la Iglesia Católica le cayera encima, eso no iba a ocurrir, al menos, hasta un siglo más tarde, cuando Galileo Galilei pudo darles contenido empírico a los trabajos de Copérnico.

El hijo del músico

Acaso por haber sido durante muchos años miembro de la corte papal, o porque él mismo era un canónico, o porque era sobrino del poderoso príncipe-obispo de Warmia, Lucas Watzenrode, la Iglesia Católica no atacó a Nicolás Copérnico como sí lo hicieron los luteranos.

Martín Lutero, para el que todo lo que se podía argumentar en contra del sistema heliocéntrico era poco, decía de Copérnico:

"El pueblo da atención a un astrólogo advenedizo que se esfuerza en comprobar que la Tierra es la que gira y no los cielos, el firmamento, el Sol, la Luna. Quien tenga la pretensión de aparecer más inteligente que el común, se considera obligado a idear sistemas astrológicos que presentan como el mejor de todos. Ese necio pretende cambiar el sistema entero de la Astronomía; sin embargo las Sagradas Escrituras nos hablan claramente de que Josué ordenó al Sol que se quedase inmóvil".

Pero, casi un siglo más tarde, la Iglesia Católica ya no sería tan indulgente con quien se había propuesto transformar la teoría de Nicolás Copérnico en una realidad científica comprobada.

Ingeniero, matemático, astrónomo, físico y filósofo, Galileo Galilei era hijo de un músico florentino que poco tenía que ver con la Iglesia Católica y su doctrina, y mucho con el pensamiento científico más innovador de la época. Por eso, el joven Galileo ingresó a la Universidad de Pisa, acaso la más prestigiosa de su tiempo.

De las tres ciencias en las que lo especializó la universidad –medicina, filosofía y matemáticas–, Galileo se interesó más en esta última y, gracias a uno de sus maestros, Ostilio Ricci, adquirió el hábito, ya decididamente "moderno", de unir siempre la teoría con la práctica.

En mayo de 1609, un Galileo ya preocupado por encontrar la forma de demostrar la teoría copernicana, recibió una carta de un ex alumno suyo, Jacques Badovere, en la que el joven francés le confirmaba un rumor que corría con insistencia por Italia y excitó la mente de Galilei.

Efectivamente –le confirmó su antiguo alumno–, en Holanda se comenzó a fabricar un telescopio que permite observar las estrellas imposibles de ver a simple vista.

Con algunos pocos datos sobre ese fascinante aparato, Galileo comenzó a construir su propio telescopio de forma artesanal, logrando un instrumento de ocho aumentos, que no deformaba los cuerpos celestes como el holandés, y con el que se podían ver a la perfección la Luna, los cráteres de Saturno y las estrellas de la Vía Láctea. Un año más tarde, ya había construido 30 telescopios; el último, de 20 aumentos.

A 400 años de la primera observación telescópica de Galileo, el periodista Rafael Bachiller escribe para el periódico *El Mundo*, de España:

"Los descubrimientos realizados con sus telescopios hicieron de Galileo un copernicano convencido. Sus mayores argumentos a favor del sistema heliocéntrico provenían de la observación de que las lunas de Júpiter constituían un sistema parecido a lo que debía ser el sistema solar, y de la constatación de que Venus pasaba por fases similares a las de nuestra Luna. Y fue su militancia por el sistema copernicano lo que propició que sus enemigos le atacasen, fomentando un escándalo religioso ya en 1616, cuando el Santo Oficio condenó la teoría copernicana".

Para la Europa del siglo XVII, los hallazgos de Galileo Galilei fueron una verdadera revolución respecto de lo que se pensaba del universo. Aún no existía la inquietud respecto del origen de éste (casi nadie dudaba de que Dios era el creador), pero el modo en que los cuerpos celestes orbitaban unos en torno a otros era, hasta entonces, un misterio que sólo habían "explicado" los escritos religiosos.

Por ejemplo, en el salmo 93 del Antiguo Testamento, se lee:

"El Señor reina, se vistió de magnificencia, se vistió el Señor de fortaleza, se ciñó; afirmó también el mundo, que no se moverá".

Era, entonces, una herejía lo que afirmaba Galileo Galilei. Pero el sabio de Pisa no sólo contaba con el favor de poderosos nobles, sino que su palabra era escuchada con veneración en los ámbitos académicos. Se trataba, pues, de preparar el ataque con astucia.

Roberto Francisco Rómulo Belarmino, cardenal jesuita y severo inquisidor, conocido como el "martillo de los herejes", será el encargado de iniciar, en 1611, una investigación sobre los trabajos y la persona misma de Galileo Galilei.

Ese año, con sus telescopios al hombro, Galileo viajó a Roma para reunirse con la cúpula de la Iglesia y hacer que los mismos purpurados fueran quienes observaran a través de las lentes. Nada sirvió: el heliocentrismo fue considerado insensato, absurdo y herético; y, cinco años más tarde, la Inquisición comenzó formalmente la investigación que concluiría, apenas, con una seria advertencia del inquisidor Belarmino a Galileo: el sabio de Pisa no podría darles a sus estudios más entidad que la de "hipótesis".

En ningún momento, Galileo Galilei tomó muy en serio dicha interdicción, hasta que, en 1632, tras la publicación de *Diálogos sobre los principales sistemas del mundo* (donde el sabio de Pisa ridiculiza el geocentrismo y, de modo elíptico, postula la rudimentaria formación académica del papa Urbano VIII), el Santo Oficio le cayó encima.

Leamos al filósofo Carlos Javier Alonso:

"Galileo fue llamado a Roma por la Inquisición a fin de procesarle bajo la acusación de 'sospecha grave de herejía'. Este cargo se basaba en un informe según el cual se le había prohibido en 1616 hablar o escribir sobre el sistema de Copérnico. Galileo presentó a favor del sistema copernicano, que enfrenta al ptolemaico, su argumentación *ex suppositione*, esto es, como si se tratara de una simple hipótesis matemática de los movimientos planetarios, pero probablemente tal planteamiento hipotético pareció a las autoridades eclesiásticas un mero artificio de disimulación de una verdadera defensa del copernicanismo. Por el incumplimiento de su juramento y, en menor medida, porque en verdad el papa Urbano VIII se sintiera caricaturizado por Galileo al poner éste en boca de Simplicio una opinión suya, Galileo es juzgado y condenado; el castigo implica la abjuración de la teoría heliocéntrica, la prohibición del *Diálogo*, la privación de libertad a juicio de la Inquisición (que es conmutada por arresto domiciliario) y algunas penitencias de tipo religioso".

Lo curioso, lo paradójico, es que Galileo Galilei no fue enviado a la hoguera, por un tribunal deseoso de hacerlo, gracias a un documento que había dejado escrito el severo Belarmino, quien –pese a la disputa que había mantenido durante su vida con Galileo– afirmaba que el sabio de Pisa no era un hereje.

Capítulo 2
Del Big Bang al "gran desgarramiento"

> "Dios no juega a los dados...".
> Albert Einstein

Si bien es cierto que todo el trabajo de Galileo y sus comprobaciones empíricas tardaron algunos años en ser aceptadas como verdaderas e indubitables, el sabio de Pisa ya había logrado demostrar qué ocurría en una pequeña parte de ese cielo que los seres humanos observaban con curiosidad y reverencia.

Sin embargo, si la Tierra giraba sobre su eje, se trasladaba alrededor del Sol, y además era redonda y no plana, quedaban aún demasiadas explicaciones para comprender la relación del hombre con el planeta en el que vivía.

Al año siguiente de la muerte de Galileo Galilei, en su casa de Arcetri, un 8 de enero, en Lincolnshire, Inglaterra, nacía Isaac Newton, el 4 de enero de 1643. Con el calendario actual, el nacimiento del pequeño debería computarse el 25 de diciembre, día de Navidad.

Como la mayoría de los hombres de ciencia de su época, Newton fue matemático, físico, filósofo, teólogo y alquimista, pese a que sus padres eran campesinos sin demasiadas aspiraciones intelectuales, y a que el pequeño Isaac, desde los tres años, vivió con sus abuelos, a los que, de muchas maneras, despreciaba.

Pese a todo, aquel joven solitario, agresivo, y de mente prodigiosa (lo que le valió el aislamiento de quienes lo rodeaban), ingresó a la Universidad de Cambridge a la edad de 18 años, y devoró las obras sobre matemáticas de William Oughtred, de François Viéte y de John Wallis, la de geometría de Descartes, y los trabajos de Kepler sobre óptica.

En los primeros años de la década de los 60, Newton se convirtió en miembro de la Royal Society, la primera sociedad científica de Gran Bretaña, y allí conoció a un hombre que sería providencial en su vida: Robert Hooke, un científico vivaz y creativo que había sido uno de los fundadores de la Royal Society.
Newton pronto encontró en él a un adversario intelectual de fuste, y sus polémicas se volvieron legendarias. Pero es, precisamente, Hooke quien le sugirió a Newton trabajar sobre el análisis de una trayectoria curva.
Era el punto de partida de lo que sería la ley de gravitación universal.
Robert Hooke, al igual que Galileo, y tanto como Roger Bacon, era un científico experimental. Creía que toda hipótesis debía ser probada contrastándola con la realidad. Pero, a diferencia de Newton, Hooke tenía serios dilemas con la perseverancia. Si no hubiese sido así, tal vez habría sido Hooke el padre de la ley de gravitación.
Leamos a Amelia Christensen Antolín, en su trabajo sobre esta ley, que Newton dio a conocer el 5 de julio de 1687, cuando aparecieron los tres tomos de *Philosophiae naturalis principia mathematica*:

"La ley de gravitación universal es una ley física clásica que describe la interacción gravitatoria entre distintos cuerpos con masas iguales o diferentes. Newton dedujo que la fuerza con la que se atraen dos cuerpos de diferente masa únicamente depende del valor de sus masas y del cuadrado de la distancia que los separa".

Esta formulación –que conducirá a otras como la aceleración de la gravedad y el movimiento de los planetas– poco tiene que ver con la casualidad de un Newton sentado bajo un árbol, al que le cae una manzana en la cabeza, según la grotesca imagen popular.

El descubrimiento de la fuerza gravitacional, o la gravedad, lisa y llana, permitió explicar muchísimos fenómenos naturales que, hasta entonces, carecían de explicación científica. Volvamos a Christensen, cuando la académica valora la ley del movimiento de los planetas que formuló Newton:

"Esta ley permite recuperar y explicar la Tercera Ley de Kepler, que muestra, de acuerdo con las observaciones, que los planetas que se encuentran más alejados del sol tardan más tiempo en dar una vuelta alrededor de éste. Además de esto, con esta ley y usando las leyes de Newton, se describen perfectamente tanto el movimiento planetario del Sistema Solar como el movimiento de los satélites (lunas) o sondas enviadas desde la Tierra".

La gravedad, descubierta por Newton, no sólo es la que les da a los seres humanos la sensación de peso, sino que es la que define la aceleración; por ejemplo, en la caída de un objeto: 9,8 metros/segundo al cuadrado.

Ya llegaría Albert Einstein para poner en entredicho el concepto de gravitación universal de Newton; pero para eso habría que esperar el paso de casi dos siglos.

¿Un universo de cuántas dimensiones?

Desde 1687, en que la obra de Newton vio la luz gracias a la insistencia de Edmund Halley, el mejor amigo de Newton y el que demostraría cuál es la órbita del cometa Halley, nadie ha refutado la ley de la gravitación universal; más aun: la mecánica ya no puede prescindir de la aceleración gravitacional en todos sus cálculos.

Sin embargo, el hombre sigue mirando al cielo. Sigue escudriñando esos pequeños puntos luminosos que brillan tan lejos de la Tierra y teoriza, como lo hizo el astrónomo argentino Juan Martín Maldacena, y antes que él Gerard't Hooft y Leonard Susskind. Entonces, se concluyó en lo que hoy es conocido como el *principio holográfico*, según el cual el universo no sería tridimensional, como lo pensaron los grandes científicos.

Lo cierto es que, en 2015, Max Riegler, de la Universidad Tecnológica de Viena, volvió a la carga sobre la teoría de un universo holográfico, y aportó más elementos para sostenerla. La teoría no sólo asegura que el universo tiene dos dimensiones, sino que, además, no existe allí la gravedad.

Así lo cuenta el periódico *ABC* de España:

"Una nueva investigación realizada por la Universidad Tecnológica de Viena ha develado que el espacio podría contar con menos dimensiones de las que, en principio se creía […]. Así pues, y según determinan los expertos, nuestro universo podría funcionar de forma similar a una tarjeta de crédito (cuyo holograma vemos en tres dimensiones, a pesar de contar con dos). Esta teoría coincide con la de Maldacena, quien ya señaló en su momento que existía una correspondencia entre las teorías gravitacionales en espacios curvos (llamadas *anti-de-sitter*) por un lado y las teorías de campo cuántico en espacios con una dimensión menos por otro".

El joven físico argentino sostuvo que el universo que vemos es una simple proyección holográfica, y que las verdaderas acciones ocurren en otro lugar, más simple, más plano y en el que no existe la gravedad.

De momento, la "conjetura" de Maldacena no se ha podido probar; pero científicos como Yoshhifumi Hyakutake, de la Universidad de Ibaraki, Japón, han podido demostrar numéricamente que las termodinámicas de los agujeros negros pueden ser replicadas desde el universo de modo más tenue.

Al comenzar 2014, Maurice Jalfon entrevistó a Juan Martín Maldacena, en oportunidad en que el científico argentino recibía el premio Milner, y el argentino habló entonces de los límites de su "conjetura":

"El equipo de científicos japoneses realizó un cálculo numérico utilizando computadoras para verificar una de las predicciones de la conjetura. Es un cálculo a nivel matemático. Para 'demostrar' que nuestro universo es un 'holograma', habría que encontrar una predicción unívoca de la teoría. Eso todavía no se ha hecho".

Lo cierto es que el científico argentino basa el grueso de su conjetura en lo que se conoce como *teoría de las cuerdas*. Esta teoría postula que, en realidad, la particular material es un estado vibracional de un objeto más básico, llamado "cuerda". Así, un electrón sería en verdad un manojo de pequeñas cuerdas que vibran en un plano espacio-tiempo de más de cuatro dimensiones. Se calcula que ese espacio-tiempo tiene, aproximadamente, once dimensiones, algo no sólo incomprensible sino también intolerable para cualquier ser humano.

Repetimos: lo que vemos, entonces –dice Maldacena–, es una representación holográfica de lo que allí ocurre.

El padre de la teoría de las cuerdas es el físico florentino Gabriele Veneziano, quien desató la curiosidad de los científicos más atrevidos del mundo entero.

Lisa Randall es una brillante física teórica estadounidense, y la primera mujer en ocupar un cargo en el Departamento de Física de la Universidad de Princeton. Pero, además, Randall ha trabajado en varios de los modelos que pretenden explicar la teoría de las cuerdas. Desde hace años, procura que se pueda pensar en un universo con más de tres dimensiones.

En 2008, Randall fue entrevistada por el comunicador científico Eduard Punset para el blog que este abogado catalán tiene en la Web. Allí, la científica estadounidense aborda el tema de la pluralidad de dimensiones. Dice en una de las respuestas:

"Estamos diseñados fisiológicamente para imaginar, percibir o experimentar únicamente tres dimensiones. Pero entendemos los motivos físicos por los que puede haber más [...].

Las cosas resultan muy distintas de lo que imaginamos en una escala muy pequeña o muy grande [...]. Tal vez con las dimensiones pase lo mismo, quizás solamente percibamos tres dimensiones en las escalas que podemos experimentar".

Más adelante, Lisa Randall procura desestructurar un concepto muy difícil de extirpar de la mente humana: el de las tres dimensiones:

"No hay ninguna ley física que diga que tiene que haber sólo tres dimensiones; las ecuaciones de Einstein funcionan para cualquier número de dimensiones [...]. Algunas relaciones entre las masas de las partículas, por ejemplo, encajan realmente bien si hay una dimensión adicional en el espacio. Mis colaboradores y yo nos hemos centrado en la geometría curvada, es decir, con una gravedad muy distinta en lugares distintos. Hemos descubierto que, si tuviéramos una combadura o deformación de espacio-tiempo, esto nos ayudaría a explicar algunos fenómenos que observamos. Y, si explica los fenómenos que observamos, entonces tenemos grandes esperanzas de descubrir realmente estas dimensiones adicionales en los próximos años..."

Lisa Randall cree que, contando con el gran colisionador de hadrones, se podrían acelerar los protones a velocidades muy altas, y así su colisión daría lugar a partículas pesadas, las que serían huellas de las dimensiones ocultas.

Einstein sale a escena

A diferencia de los genios que lo precedieron, Albert Einstein era, apenas, un joven empleado de 26 años de la Oficina de Patentes de Berna cuando publicó su teoría de la relatividad especial (diez años después, publicaría su teoría de la relatividad general).

Alemán, nacido en Ulm, en el seno de una típica familia judía de clase media, Einstein ni siquiera era conocido entre los científicos de la época. Sin embargo, desde un gris escritorio de la Oficina de Patentes, aquel muchacho silencioso y solitario sentaría las bases de toda la física moderna. La gran novedad que habría de introducir Einstein respecto de lo que había formulado Newton era que la localización de los fenómenos físicos, tanto en el espacio como en el tiempo, es relativa: depende del estado de movimiento de quien observa.

El portal de astronomía educativa *Astro Mía* ejemplifica de la siguiente manera el fenómeno:

"Supongamos que un tren pasa a nuestro lado a 20 kilómetros por hora y que un niño tira desde el tren una pelota a 20 kilómetros por hora en la dirección del movimiento del tren. Para el niño, que se mueve junto con el tren, la pelota se mueve a 20 kilómetros por hora. Pero, para nosotros, el movimiento del tren y el de la pelota se suman, de modo que la pelota se moverá a la velocidad de 40 kilómetros por hora".

Del mismo modo, pensó Einstein, algo similar debía ocurrir con la velocidad de la luz. Si la luz se propagara en el mismo sentido que el movimiento terrestre, debería acelerarse; si lo hiciera en contra de ese movimiento, debería retardarse.

Sin embargo, ya por entonces se daba por descontado que la velocidad de la luz se mantenía constante, sea cual fuera la naturaleza del movimiento de la fuente luminosa. Por lo tanto, supuso Einstein, otros fenómenos deberían ocurrir para que la velocidad de luz resultase inalterable.

Volvamos a *Astro Mía*:

"Einstein halló que los objetos tenían que acortarse en la dirección del movimiento, tanto más cuanto mayor fuese la velocidad, hasta llegar finalmente a una longitud nula en el límite de la velocidad de la luz; que la masa de los objetos en movimiento tenía que aumentar con la velocidad, hasta hacerse infinita en el límite de la velocidad de la luz; que el paso del tiempo en un objeto en movimiento era cada vez más lento a medida que aumentaba la velocidad, hasta llegar a pararse en dicho límite; que la masa era equivalente a una cierta cantidad de energía y viceversa".

Por supuesto, nada de lo que había predicho Einstein podía comprobarse en la vida cotidiana, y con las velocidades habituales, porque los cambios son virtualmente imperceptibles. Pero, cuando la ciencia logró que las partículas alcanzaran grandes velocidades, su teoría de la relatividad se comprobó con exactitud.

Dice el portal de astronomía educativa:

"Tales velocidades han sido observadas entre las partículas subatómicas, viéndose que los cambios predichos por Einstein se daban realmente, y con gran exactitud. Es más, si la teoría de la relatividad de Einstein fuese incorrecta, los aceleradores de partículas no podrían funcionar, las bombas atómicas no explotarían y habría ciertas observaciones astronómicas imposibles de hacer".

El genio silencioso y solitario que garabateaba fórmulas en un cuaderno, sobre uno de los escritorios de la Oficina de Patentes de Berna, comprendió, después de 1905, en que dio a conocer su teoría de la relatividad especial, que sostener −como él había hecho− todos sus principios sobre el presupuesto de un movimiento de los cuerpos a velocidad constante era inaceptable en la realidad.

La gravedad existe, se dijo Einstein, por lo cual todos cuerpos se mueven con aceleración.

En un muy recomendable artículo publicado en el diario *La Nación*, de Argentina, la periodista Nora Bär entrevistó a varios científicos, algunos de los cuales trabajaron en el mismo instituto en el que se formó el genio alemán. Uno de ellos, Daniel De Florian, le dice a la periodista, para explicar la introducción de la gravedad en la teoría de la relatividad general:

"Lo que propuso Einstein fue formular una teoría del campo gravitatorio relacionada con la geometría del espacio-tiempo. Así, la materia y la energía, que generan lo que llamamos una fuerza de gravedad, en realidad lo que están haciendo es distorsionar el espacio y el tiempo a su alrededor de manera tal que los objetos que están alrededor se desplazan de forma diferente. La filosofía de la teoría de la relatividad general es que los objetos le dicen al espacio y al tiempo cómo curvarse, y la geometría del espacio y el tiempo les dicen a los objetos cómo moverse".

Albert Einstein murió en el Hospital de Princeton, en Estados Unidos, el 18 de abril de 1955. Tenía 76 años y hubiera podido vivir algunos más si no se hubiese negado a una intervención quirúrgica capaz de reparar su aorta abdominal. Murió sin presentir, siquiera, el descomunal aporte a la ciencia que hizo su teoría. Una teoría que escondía dentro de sí otras muchas que el avance de la tecnología pudo probar a partir de la experiencia.

Matías Zaldarriaga es otro científico al que entrevistó Nora Bär. El físico y docente universitario le rinde al genio alemán un hermoso homenaje cuando afirma:

"Su propio planteo teórico lo superó ampliamente. En la teoría 'viven' muchas cosas que Einstein no encontró y fueron descubiertas por otros. Con el paso de las décadas, predicciones muy raras, como los agujeros negros, fueron verificadas en el centro de nuestra galaxia".

Escudriñando el universo, tanto como sus antecesores, Albert Einstein, sin embargo, abriría las puertas hacia el hallazgo de una partícula que pondría en entredicho a Dios; algo que seguramente el genio alemán no hubiese suscripto.

Su fórmula, la que resume todo un desconocido y fascinante universo que él descubrió, es hoy más popular que la más popular de las gaseosas: $E = mc^2$.

La Constante de Hubble

En 1915, cuando Albert Einstein concluyó las ecuaciones que darían sustento a su relatividad general, había arribado también a una conclusión que seguramente lo espantó: el universo se expandía y envejecía permanentemente. Sin embargo, no se había equivocado.

Un trabajo del Instituto de Astrofísica del gobierno de Canarias abordó así el "error" de Einstein:

"Desde la Antigüedad hasta 1930 todas las cosmovisiones habían tenido una concepción estática del Cosmos. Las religiones, la filosofía y la física, incluso la Teoría General de la Relatividad tal como la expuso Einstein en 1915, habían coincidido en esa visión sobre la estaticidad del Universo".

Más adelante, y como producto de una llamada que se hace en el texto cuando se habla del genio alemán, el trabajo aclara:

"Einstein intentó hacer compatible su teoría con un universo estático e inmutable. Arbitrariamente introdujo el término cosmológico para frenar la expansión del Universo que se desprendía de las soluciones a las ecuaciones de campo, pues no podía creer que el Cosmos se expandiese".

Catorce años más tarde, con mejores herramientas tecnológicas en su poder, el estadounidense Edwin Hubble, midiendo el corrimiento al rojo de las galaxias distantes, probó que, en efecto, el universo se expandía aceleradamente.

Dice, entonces, el trabajo del Instituto de Astrofísica del gobierno de Canarias:

"Tras el descubrimiento de Hubble, Einstein consideró que, al incluir el término cosmológico, había cometido el mayor error de su vida. Los más recientes experimentos parecen demostrar que el Universo está en expansión 'acelerada' y que el término cosmológico es distinto de cero. De alguna forma, ¡Einstein acertó hasta equivocándose!".

La expansión del universo no sólo fue un hallazgo de envergadura que abriría la puerta a la teoría del Big Bang; también suscitó una fuerte controversia respecto de quién fue, en realidad, el que descubrió el fenómeno.

La historia de la ciencia considera a Edwin Hubble el padre del hallazgo, pero lo cierto es que, dos años antes, el sacerdote y astrónomo belga Georges Lemaître había llegado a la misma conclusión, o una aproximada.

Lemaître publicó un artículo, en francés, con sus hallazgos, en 1927 (el ruso Aleksandr Fridman ya había teorizado sobre la expansión del universo en 1922); pero ni Einstein ni Willem de Sitter, los científicos más respetados de la época, apoyaron sus conclusiones.

Hubble, entretanto, dio a conocer sus hallazgos en un artículo publicado en 1929, en una prestigiosa revista científica de la época (a diferencia de Lemaître, que lo hizo en una publicación de escasa tirada), y fue recibido con alborozo por la comunidad científica.

El trabajo del belga recién vio la luz en lengua inglesa en 1931; pero, llamativamente, en la traducción se habían omitido datos claves que sí figuraban en el original.

Inmediatamente, una densa sospecha cayó sobre la honestidad científica del estadounidense. ¿Había sido él mismo quien suprimió los párrafos? ¿O acaso ya Estados Unidos estaba haciendo valer su condición de futura potencia planetaria?

Nada de eso. Otro astrónomo, Mario Livio, descubrió, accediendo a las cartas que había escrito Lemaître, que fue el propio belga quien le propuso al traductor que eliminase dichos párrafos, a los que no consideró de sustancial importancia, aunque lo eran.

En un artículo para *Intercentres*, la española Alicia Rivera explica de qué se trató el hallazgo de Hubble:

"En la efervescencia científica de los años veinte, Hubble, basándose en las observaciones del cielo de su colega Vesto Slipher y en las suyas propias, determinó la tasa de expansión del universo. Slipher había medido las velocidades relativas de 41 galaxias mediante el denominado corrimiento al rojo: la luz de una galaxia, al alejarse, se ve desplazada hacia longitudes de ondas mayores de la que fue emitida, como el pitido de un tren que se aleja suena cada vez más grave para quien lo oiga en la estación. Hubble midió la distancia a las galaxias (con Milton Humason) y constató algo revolucionario: la relación según la cual, a mayor distancia de una galaxia, mayor es la velocidad aparente a la que se aleja del observador. Es la Constante de Hubble".

El "gran desgarramiento" del universo

Así comienza un artículo firmado por Nora Bär para el periódico *La Nación*, de Buenos Aires:

"Entre 1995 y 2002, dos equipos de astrónomos de todo el mundo lograron interceptar el alarido de luz de estrellas en explosión situadas en los confines del universo visible. El mensaje de las estrellas era perturbador: decía que el destino del universo es disgregarse en el infinito".

El artículo aborda la cuestión de la que hablaron Fridman, Lemaître y Hubble: la expansión del universo. Einstein la descubrió antes que nadie, pero se negó tozudamente a creer en ella.

En la obsesiva búsqueda del origen del universo, el hombre parece haber hallado, antes que lo que perseguía, lo que en realidad será el fin de los tiempos.

Aquel alarido del que habla la autora del artículo es el rastro luminoso que dejan las supernovas 1ª, luego de haber explotado, le explicó a Bär Alejandro Clocchiatti, el único científico argentino que participó en los equipos de astrónomos que analizaron el fenómeno.

Estas supernovas, observadas un par de semanas después de haber explotado, dejan un rastro de luz que, si es comparado con la cantidad de luz que difundían antes de dicha explosión, permite calcular con precisión a qué distancia están.

Vale decir que es posible saber cuánto se han alejado del punto en el que explotaron durante los quince días que van desde la explosión al momento en que se las observa.

Esta teoría, que parece ir consolidándose con cada nueva observación, parte del planteo de que en el universo existe lo que se ha denominado "materia oscura"; una materia que no se ha podido observar, pero que representaría un 27% del total del universo, cuando lo visible es apenas el 5% de materia.

Esta materia sería la responsable de que no se produzca la atracción gravitacional entre las distintas galaxias, y que el universo marche hacia lo que se denominó el "gran desgarramiento".

Para explicar esta acelerada expansión del universo, el científico argentino que participó de los equipos de astrónomos que observaron el comportamiento de las supernovas 1ª le ejemplifica a la periodista del diario argentino:

"Llegará un momento en que la velocidad de los objetos muy alejados se acercará a la velocidad de la luz. Sólo quedarán dentro de nuestro universo visible los objetos que están ligados a nosotros gravitatoriamente, nuestro vecindario cósmico. En un futuro lejano, el universo estará compuesto por burbujas gravitatoriamente ligadas entre sí, aisladas entre sí. Seremos una isla en el espacio. Pero podría ser aun peor: la aceleración también podría producirse por otras cosas que podrían disgregar incluso lo que está unido gravitatoriamente, como el sistema solar, la Tierra misma. Los llaman 'campos fantasmas'..."

Sin embargo, la verdadera protagonista maldita en la película del universo no es la materia oscura sino la energía oscura, una suerte de fuerza que produce en los objetos una repulsión gravitatoria que le gana la partida a la atracción que produce la gravedad. Energía que, por lo que se deduce, habitaría en dos de cada tres objetos celestes.

Robert Caldwell, un científico del Darmouth College, y miembro de un equipo científico de la NASA, es quien con más convicción sostiene que el universo acabará desapareciendo.

Así lo expone Eduardo J. Carletti en un artículo sobre la energía oscura:

"Según el punto de vista de Caldwell, la energía oscura, una fuerza que causa una aceleración de la expansión de nuestro Universo, crecerá y se volverá cada vez más poderosa. Bajo la influencia de esta extraña energía 'fantasma', cuando pase suficiente tiempo la expansión adquirirá una violencia inusitada y se ocupara de extender el espacio hasta extremos inconcebibles, de modo que la luz de las estrellas no logre alcanzarnos. Esta extensión del espacio hará que lo que hoy es del tamaño de un punto se convierta en el Universo visible en torno a cada observador. A los efectos prácticos, el Cosmos habrá desaparecido".

Luego de que Einstein formulara su teoría de la relatividad general y optase por admitir un universo estático y curvo que se cerraba sobre sí mismo por el efecto de la gravedad, con los experimentos científicos llevados a cabo mediante un instrumental que no existía en tiempos de Einstein, se probó lo contrario.

Regresemos a Carletti:

"Las evidencias obtenidas en los últimos tiempos, gracias a los instrumentos cada vez más precisos que están a mano de los astrónomos, han mostrado que el Universo es plano, es decir, que no se curva y cierra sobre sí mismo, como se consideró en algún momento en base a la Relatividad General. Es posible que esa 'chatura' se deba a una energía que se opone a la fuerza que conocemos, de atracción entre los cuerpos, algo que Einstein llamó 'constante cosmológica' y que ahora se define como una clase de energía con atracción negativa —una presión—, a la que se llama 'energía oscura', que impulsa una eterna expansión. Si esto es así, el Universo se expandirá lentamente y se volverá cada vez más frío y vacío".

Los estudios, las comprobaciones y las teorizaciones más recientes van, sin embargo, más lejos. Hablan ya de esa energía oscura acrecentándose y con una potencia negativa suficiente como para destruir el universo mucho más pronto de lo que se predecía hace algunos años.

Capítulo 3
Las cuerdas y los universos paralelos

> "Dios no sólo juega a los dados.
> A veces también echa los dados
> donde no pueden ser vistos".
>
> Stephen Hawking

Georgiy Antónovich Gamow pasó a ser George Gamow en 1934, cuando llegó a Estados Unidos luego de haber huido de la Unión Soviética gobernada con mano de hierro por Stalin.

Ya era un físico y astrónomo brillante en su Rusia natal, pero en la universidad George Washington, en donde le abrieron las puertas, se transformó en una de las mayores celebridades de la astronomía contemporánea.

Gamow había seguido con atención los trabajos de Friedman, Lemaître y Hubble, y quedó absolutamente convencido de que la teoría del estado estacionario del universo era errónea, y que esa expansión que habían comprobado sus tres colegas debía de tener un origen.

Por fin, en 1948, planteó públicamente su teoría. El universo, según el físico nacido en Ucrania, se habría creado a partir de una gran explosión que hoy se conoce como Big Bang. En aquel momento, calculado en unos 13.800 millones de años atrás, un punto en el que se concentraba toda la materia con una densidad infinita estalló, provocando que toda esa materia concentrada en ese punto se expandiera en todas direcciones y comenzase a formar el Universo conocido.

Gamow postuló que los distintos elementos celestes que constituyen el cosmos se formaron pocos minutos después de la explosión. Como producto de la altísima temperatura y la elevadísima densidad, las partículas subatómicas se fusionaron en los elementos químicos.

Un trabajo de la revista *National Geographic* sobre el origen del universo, publicado en 2013, dice:

"La teoría mantiene que, en un instante (una trillonésima de segundo) tras el Big Bang, el universo se expandió a una velocidad incomprensible desde su origen del tamaño de un guijarro a un alcance astronómico. La expansión aparentemente ha continuado, pero mucho más despacio, durante los siguientes miles de millones de años. Los científicos no pueden saber con exactitud el modo en que el universo evolucionó tras el Big Bang. Muchos creen que, a medida que transcurría el tiempo y la materia se enfriaba, comenzaron a formarse tipos de átomos más diversos, y que estos finalmente se condensaron en las estrellas y galaxias de nuestro universo presente".

Paradójicamente, fue Fred Hoyle quien acabó dándole el nombre a la teoría presentada por Gamow.

¿Por qué paradójicamente? Porque Hoyle era uno de los más férreos defensores del estado estacionario del universo y, consecuentemente, el mayor detractor de los postulados de Gamow. Pero, en 1949, un año después de que el científico ucraniano diera a conocer sus ideas, Hoyle, durante una entrevista con la BBC de Londres, calificó burlonamente de "sólo un *big bang*" a la teoría de la gran explosión.

Pero, más allá de la fallida ironía de Hoyle, aquel universo que se formó desde una partícula que, según los cálculos científicos, tenía un tamaño de tres millonésimas partes de un centímetro, es el que –hoy se sabe– se expande muy rápidamente, marchando hacia su virtual desaparición.

¿Hawking *vs.* Dios?

Explicar la formación del universo (400.000 galaxias conocidas hasta hoy) a partir de la "gran explosión" requería dar cuenta de otros fenómenos, como una expansión mucho más rápida que la velocidad de la luz.

Se dijo, entonces, que el universo se había expandido a "velocidad Planck". El tiempo Planck fue descrito en 1926 por Robert Lévi, y supone el instante de tiempo más pequeño del que puede dar cuenta la física. Una unidad de tiempo Planck equivale a 1/10 elevado a la 43 segundos.

El paso del tiempo y la expansión hicieron que el universo, que tenía una temperatura de billones de grados, comenzase a enfriarse, la energía a convertirse en materia, y los planetas a formarse.

Desde luego, desde que Friedman comenzó a dar los primeros indicios de un universo que lejos estaba de ser estacionario, y cuando Lemaître, luego Hubble y más tarde Gamow fueron construyendo la teoría de la "gran explosión", los dilemas filosóficos y religiosos volvieron a entrar en escena.

Stephen Hawking, ese incomparable genio contemporáneo de la física, escribió un libro al que tituló *Historia del tiempo: del Big Bang a los agujeros negros*. La obra, que podría ser un largo y pormenorizado itinerario hacia la teoría del Big Bang, no se reduce a eso.

Hawking sabe —jamás lo ignoró— que en estos asuntos la ciencia tiene mucho para debatir con la religión, y el científico británico no le escapa al debate.

Leamos apenas un párrafo en donde el principio de los tiempos y Dios juegan su primera partida:

"En un universo inmóvil, un principio del tiempo es algo que ha de ser impuesto por un ser externo al universo; no existe la necesidad física de un principio. Uno puede imaginarse que Dios creó el universo en, textualmente, cualquier instante de tiempo. Por el contrario, si el universo se está expandiendo, pueden existir poderosas razones físicas para que tenga que haber un principio. Uno aún se podría imaginar que Dios creó el universo en el instante del Big Bang, pero no tendría sentido suponer que el universo hubiese sido creado *antes* del Big Bang. ¡Un universo en expansión no excluye la existencia de un creador, pero sí establece límites sobre cuándo éste pudo haber llevado a cabo su misión!".

Con toda picardía, el científico británico pone a los teólogos en una suerte de dilema, acaso tan complejo de resolver como el que aún les quedan a los físicos y los astrónomos respecto del universo.

¿Big Bang *vs.* Creación?

Stephen Hawking sigue refiriéndose a Dios como si realmente se resistiera a negar abiertamente su existencia. Quienes lo conocen especulan con que, en realidad, el genio británico sólo adopta dicha postura para poder debatir con la religión desde una posición más cómoda. Es posible. Pero lo cierto es que, en cada uno de sus libros de divulgación científica, Dios siempre estuvo presente, aunque sea para refutarlo.

En la introducción de *Historia del tiempo...*, Carl Sagan dice, luego de alabar el trabajo de difusión científica que aborda la obra:

"También se trata de un libro acerca de Dios… o quizás acerca de la ausencia de Dios. La palabra Dios llena estas páginas. Hawking se embarca en una búsqueda de la respuesta a la famosa pregunta de Einstein sobre si Dios tuvo alguna posibilidad de elegir al crear el universo. Hawking intenta, como él mismo señala, comprender el pensamiento de Dios. Y esto hace que sea totalmente inesperada la conclusión de su esfuerzo, al menos hasta ahora. Un universo sin un borde espacial, sin principio ni final en el tiempo, y sin lugar para un Creador".

Para la Iglesia Católica, la casi comprobación empírica de la teoría del Big Bang fue, sin dudas, una novedad molesta.

El nuevo avance de la ciencia en torno al origen del universo arrinconaba un poco más a Dios, y era apremiante hallar explicaciones desde la religión para el hallazgo.

Ya el sacerdote católico belga Georges Lemaître, cuando dio los pequeños y vacilantes pasos hacia el Big Bang, habló de un "átomo primordial" (aquel en que se concentraba toda la energía) para poner a resguardo la mano de Dios en el origen de todas las cosas.

Para la Iglesia Católica, empero, la nueva teoría no dejaba de ser una piedra en el zapato, y era imprescindible hallar palabras exactas, pronunciadas por alguien incuestionable, para que Dios siguiese siendo el autor del origen.

Lejos en el tiempo, pero con la luminosidad de su pensamiento, allí estaba Tomás de Aquino para explicarlo todo. En la *Suma Teológica*, santo Tomás incluye las cinco pruebas que demostrarían la existencia de Dios. Él las denomina: las "cinco vías". En la quinta, precisamente, escribe:

"La quinta vía se toma del gobierno del mundo. Vemos, en efecto, que cosas que carecen de conocimiento, como los cuerpos naturales, obran por un fin, como se comprueba observando que siempre, o casi siempre, obran de la misma manera para conseguir lo que más les conviene; por donde se comprende que no van a su fin obrando al acaso, sino intencionalmente. Ahora bien, lo que carece de conocimiento no tiende a un fin si no lo dirige alguien que entienda y conozca, a la manera como el arquero dirige la flecha. Luego existe un ser inteligente que dirige todas las cosas naturales a su fin, y a éste llamamos Dios".

Además del presupuesto de que nada se crea desde la nada, Tomás argumenta que aquello que no tiene conocimiento (la energía que se disiparía tras la explosión) fue direccionada por un ser inteligente, a los efectos de que, con su recorrido, formase un enorme y maravilloso universo.

El sociólogo William E. Carroll, en un artículo escrito para la revista *Humanitas*, de la Universidad Católica de Chile, se ocupa de explicar cuáles eran los conceptos de Tomás de Aquino respecto de la creación:

"Tomás no vio contradicción alguna en la noción de un universo creado eterno, porque aun si el universo no hubiera tenido un inicio temporal, dependería de Dios para su propia existencia. No hay conflicto entre la doctrina de la creación y cualquier teoría física. Las teorías de las ciencias naturales explican el cambio. Tanto si estos cambios son biológicos como si son cosmológicos, tanto si son incesantes como finitos, son siempre procesos. La creación explica la existencia de las cosas, no los cambios en las cosas".

Más adelante, Carroll se adentra en la mirada que el Doctor Angélico tenía de la Biblia. Dice Carroll:

"Tomás no pensaba que el comienzo del Génesis presentara dificultades para las ciencias naturales, dado que la Biblia no es un libro de texto de ciencias. Según Tomás, para la fe cristiana, lo esencial es el 'hecho de la creación' no la manera o el modo de la formación del mundo […]. Para Tomás, el sentido literal de la Biblia es lo que Dios, su autor, pretende que las palabras signifiquen […]. Por ejemplo, cuando leemos en la Biblia que Dios extendió la mano, no tenemos que pensar que Dios tiene una mano. El sentido literal de estos pasajes se refiere al poder de Dios, no a Su anatomía. Tampoco tenemos que pensar que los seis días al inicio del Génesis se refieren a la acción de Dios en el tiempo, porque el acto creador de Dios es instantáneo".

En todo momento, hable de las ideas de Tomás de Aquino o de las suyas propias, Carroll circunscribe la discusión a un único punto; precisamente el que, de momento, la ciencia no puede explicar. Veamos:

"El Big Bang descrito por los cosmólogos modernos no es la creación. Las ciencias naturales no proporcionan por sí mismas una explicación acerca del origen último de todas las cosas. Los defensores de la doctrina cristiana de la creación no deberían pensar que la inicial 'singularidad' de la cosmología tradicional del Big Bang ofrece una confirmación de sus perspectivas. Tampoco los que rechazan la doctrina de la creación deberían pensar que las recientes variaciones en la cosmología del Big Bang sostienen su perspectiva".

Carroll, al igual que los diferentes papas, desde Pío XII, el primero que debió aprender a convivir con el Big Bang, se apoya en un hecho de momento irrefutable:

"Aun si el universo fuese el resultado de la fluctuación de un vacío primordial, no es un universo que se crea desde sí mismo".

El dios de los vacíos

Desde los tiempos de la Edad Media, y desde aquellos días en los que los adustos representantes del Santo Oficio perseguían herejes que, por lo general, se enrolaban entre los científicos y los artistas, la religión y la ciencia han librado un sordo combate por conquistar la conciencia humana. Y, en esa puja, pareciera, que cada paso adelante que da la ciencia hace retroceder uno a religión...

Ante dicho supuesto, se cree que fue Henry Drummond quien, en el siglo XX, utilizó un término curioso para definir su perspectiva teológica. Habló del "dios de los vacíos", tratando de decir que, en cada misterio que la ciencia no puede explicar, reside Dios. O mejor dicho: esos misterios, esas lagunas, esos vacíos que la ciencia es incapaz de llenar con una explicación consistente son los que demuestran la existencia de Dios.

El término volvió a ser utilizado en 1943 por Dietrich Bonhoeffer, un pastor luterano alemán que enfrentó al nazismo y acabó ahorcado, luego de dos años en prisión. Desde la cárcel, Bonhoeffer escribió varias cartas en las que utilizó el concepto de un modo bastante vago, como ese cristianismo sin religión al que solía hacer referencia.

Sin embargo, montado sobre ese cristianismo crítico, el pastor luterano escribió:

"Los hombres religiosos hablan de Dios cuando el conocimiento humano (a veces, por simple pereza mental) no da más de sí o cuando fracasan las fuerzas humanas. En realidad se trata siempre de un 'deus ex machina', al que ponen en movimiento bien para la aparente solución de problemas insolubles, bien como fuerza ante los fallos humanos; en definitiva, siempre sacando partido de la debilidad humana, o en las limitaciones de los hombres".

O sea, una versión un poco más amplia del "dios de los vacíos".

Por fin, en 1971, Richard Bube publicó *El hombre emancipado. La respuesta de Bonhoeffer al dios de los vacíos*. Allí, Bube afirma que la crisis por la que atraviesa la fe religiosa está directamente vinculada con que la ciencia le deja cada vez menos huecos a ese dios que debe hacerse visible desde esos vacíos que la ciencia no puede rellenar.

Bube, que no pretendía negar la existencia de Dios, afirmaba también que el dios de los vacíos nada tiene que ver con el Dios de la Biblia.

Dos, tres, muchos Big Bang

En 1974, el francés Jöel Scherk y el estadounidense John Henry Schwarz, dos científicos dedicados a la física teórica, publicaron un artículo en el que presentaban en sociedad una curiosa teoría, capaz de describir la fuerza gravitatoria. Decían que, en verdad, las partículas puntuales no son tales, sino estados vibracionales, algo así como una cuerda o un filamento, y no un punto como se consideraban hasta entonces.

Ese año, y con poca repercusión dentro del mundo científico de aquel entonces, nació la "teoría de cuerdas", un concepto revolucionario en la búsqueda de comprender el universo. Concepto revolucionario que, sin embargo, recién en 1984 tendría el reconocimiento que se merecía.

Hasta el momento en el que Scherk y Schwarz publicaron su artículo, nadie dudaba de que protones, neutrones o electrones eran *partículas* subatómicas; y, cuando ambos científicos afirmaron lo contrario, nadie los tomó demasiado en serio.

Nadie los tomó demasiado en serio hasta 1984, en que se desata lo que entre los físicos se conoce como "la primera revolución de las supercuerdas". Entre 1984 y 1986, decenas de científicos comenzaron a considerar seriamente lo que habían postulado Scherk y Schwarz, y comenzaron a aparecer ciertos indicios empíricos de que la teoría podía ser correcta.

Por fin, en el 2015, se supo que un grupo de científicos de la Universidad de Towson, Estados Unidos, había ideado una manera de demostrar que Scherk y Schwarz tenían razón.

El 11 de febrero de 2015, la revista de divulgación científica del canal ruso RT decía:

"La teoría de las cuerdas es un modelo que relaciona todas las fuerzas conocidas en el Universo mediante la representación de la materia y la energía como 'vibrantes cuerdas' unidimensionales. Hasta ahora ha sido cuestionada la demostración de su existencia por los niveles de energía tan extremos y las dimensiones físicas tan minúsculas que maneja. Según informa el portal Phys.org, un equipo de científicos de la universidad estadounidense de Towson, en el estado de Maryland, ha ideado la manera de demostrar la idoneidad de la formulación de la teoría de cuerdas, inspirándose en cómo Galileo Galilei o Isaac Newton formularon las suyas".

El artículo informa que el equipo de científicos norteamericanos basó su investigación en mediciones precisas de las posiciones orbitales de los planetas y los satélites. El objetivo es hallar anomalías en la teoría de la relatividad, que puedan ser explicadas por medio de la teoría de cuerdas.

Un tiempo antes, la ya conocida *Astro Mía* ampliaba la información sobre una teoría que, de comprobarse completamente, cambiaría de forma radical los conceptos de espacio y tiempo que hoy tiene la humanidad.

Dice el portal dedicado a la divulgación de la astronomía:

"Existen diversas teorías sobre la naturaleza y funcionamiento del Cosmos. Pero todas suponen que las partes más pequeñas e indivisibles de la materia son pequeñas bolitas que se combinan para formar todo lo que existe [...]. La teoría de cuerdas rompe con esta idea. Presupone que las partes más pequeñas son filamentos de energía. Una especie de cuerdas que vibran. Cada tipo de vibración produce un tipo u otro de partícula, con cualidades distintas. Igual que las vibraciones de cuerda de un violín producen distintas notas. Las cuerdas serían muchísimo más pequeñas que un quark, por eso no podemos verlas, aunque sí pueden deducirse matemáticamente".

La teoría de cuerdas, tal cual detalla *Astro Mía*, tiene una versión (existen otras) a la que se conoce como "teoría M". Ésta sostiene que una de las vibraciones de las cuerdas sería la que genera un impulso denominado gravitón, que sería el responsable de la gravedad.

"Las cuerdas más grandes –continúa el artículo– formarían una especie de membranas circulares o branas. Cada membrana sería un universo. El choque entre dos branas produciría un nuevo big bang y un nuevo universo. El nuestro sería sólo uno entre muchos. No habría comienzo ni final, sólo ciclos entre un big bang y el siguiente. La teoría defiende la existencia de diez dimensiones espaciales y una temporal. Estas dimensiones estarían en las propias cuerdas, y por eso no las vemos".

Sin dudas, una de las cuestiones que aún ponen en entredicho la teoría, para algunos científicos, es la conclusión de que existirían infinitos universos paralelos, y que entre diez dimensiones espaciales sólo cuente una temporal.

Por el contrario, lo que la sigue teniendo como objeto de estudio es que la teoría de cuerdas unifica las cuatro fuerzas que existen en la naturaleza: gravedad, electromagnetismo, interacción nuclear fuerte e interacción nuclear débil.

La teoría M, o sea una de la versiones de la teoría de cuerdas, reemplaza las cuerdas por membranas vibrantes, lo que la vuelve mucho más coherente, al combinar las cinco diferentes teorías de cuerdas.

Lee Smolin es un físico teórico estadounidense que, además de estudiar la teoría de cuerdas, ha planteado una novedosa teoría darwiniana respecto del cosmos, o sea una suerte de selección natural entre los universos.

Pero, en uno de sus libros, *Las dudas de la física en el siglo XXI: ¿Es la teoría de cuerdas un callejón sin salida?*, Smolin escribe respecto de dicha teoría:

"Si los teóricos de cuerdas se equivocan, no pueden equivocarse sólo un poco. Si las nuevas dimensiones y las simetrías no existen, consideraremos a los teóricos de cuerdas unos de los mayores fracasados de la ciencia".

Sin embargo, pese a las duras advertencias del científico neoyorquino, no dejan de estudiarse las teorías sobre dimensiones temporales y universos paralelos.

Un multiverso

Hugh Everett es el nombre del físico norteamericano que planteó por primera vez la teoría de los universos paralelos. Murió joven; en 1982, tenía tan sólo 52 años. Había abandonado la física luego de doctorarse, como producto de la recepción burlona que tuvo su teoría en sus colegas. Aún no se había producido la "primera revolución de las supercuerdas" (como ya dijimos, esto ocurrió en 1984), y la teoría de Everett fue recibida con tanto escepticismo como aquélla de las cuerdas que trazaron Schekk y Schwarz en 1974.

Puesto a analizar la teoría de Everett, que volvió a poner en el centro de la escena la teoría de cuerdas, Aurélien Barrau, físico del Laboratorio de Física Subatómica y de Cosmología de Grenoble, detalla:

"A primera vista, el multiverso parece descansar fuera de la ciencia porque no puede ser observado. ¿Cómo –siguiendo la prescripción de Karl Popper– puede una teoría ser refutada si no podemos comprobar sus predicciones? Esta manera de pensar no es en realidad correcta en el caso del multiverso, por varias razones. En primer lugar, las predicciones pueden realizarse en el multiverso; éste nos conduce sólo a resultados estadísticos, pero también es cierto que cualquier teoría física de nuestro propio universo se debe tanto a las fluctuaciones cuánticas fundamentales como a la medición de incertidumbres. En segundo lugar, nunca ha sido necesario comprobar todas las predicciones de una teoría para considerarla científicamente legítima".

Más allá de las prevenciones inevitables, en la medida en que, de momento, es imposible llevar a cabo pruebas prácticas concluyentes, Barrau parece convencido de que, efectivamente, varios universos conviven.

"El multiverso no es una teoría. Aparece como consecuencia de algunas teorías, que además tienen otras predicciones que pueden probarse dentro de nuestro propio universo. Existen muchos tipos distintos de multiversos posibles, dependiendo de las teorías particulares, estando algunas de ellas incluso posiblemente entretejidas".

A propósito, Barrau señala que el multiverso más elemental es el espacio infinito que predijo la teoría de la relatividad general formulada por Einstein en 1915, y de la que hoy ya nadie duda, por la exactitud que ha mostrado ante cada experiencia práctica.

En 2011, Jason Palmer publico un trabajo para *BBC Mundo*, dando a conocer la tarea de un equipo de científicos ingleses que habrían hallado huellas de varios "universos burbuja", dejadas en nuestro universo.

Escribe Palmer:

"La teoría que invoca estos universos burbuja —cuyo nombre formal es 'inflación eterna'— supone que estos universos existen y dejan de existir y chocan todo el tiempo —cual burbujas de jabón–, mientras que el espacio que los separa se expande rápidamente, de manera que están fuera del alcance uno de los otros".

Hiranya Peiris es la cosmóloga que lideró al equipo de científicos de la University College de Londres. Lo que este grupo de investigadores postuló es que, cuando estos universos son adyacentes al nuestro, pueden dejar marcas, o sea un patrón de la radiación de fondo de microondas (CMB, en inglés).

Así lo explica Palmer:

"Lo que los investigadores han estado haciendo es evaluar la posibilidad de que existan algunos efectos observables —o marcas— que otros universos hayan dejado en el nuestro, debido a colisiones entre ellos acaecidas durante la historia temprana de nuestro universo".

El periodista de *BBC Mundo* explicó que la hipótesis de los investigadores era que, si se hubiesen producido choques entre esos universos burbuja y el nuestro, tendrían que haber afectado la distribución de la materia en cada universo, dejando asimetrías anómalas que operarían como prueba. Cuenta Palmer los resultados:

"El programa encontró cuatro áreas particulares donde parece haber rastros de universos burbuja, donde esa teoría tenía 10 veces más posibilidades de explicar las variaciones que el equipo detectó en las CMB que la teoría estándar. No obstante, Peiris enfatizó en que las cuatro regiones 'no tienen una importancia estadística alta' y que se necesita más información para poder estar seguros de la existencia del multiverso".

Ya en 2014, el diario *ABC* de España volvió sobre la cuestión a partir de que un grupo de científicos de la Universidad de Griffith, Australia, afirmaron la existencia de los multiversos en un artículo que publicó la revista *Physical Review X*. Uno de ellos, Howard Wiseman, le explicó a Judith de Jorge, la periodista que escribió la nota:

"Cada universo se ramifica en un montón de nuevos universos cada vez que se hace una medición cuántica. Por consiguiente, todas las posibilidades se toman en cuenta. En algunos universos el asteroide que mató a los dinosaurios pasó de largo, y en otros, Australia fue colonizada por los portugueses".

Más adelante, la periodista resume la hipótesis de los tres científicos que firmaron el artículo de *Physical Review X*:

"El profesor Wiseman y sus colegas proponen que el universo que experimentamos es sólo uno de un número gigantesco de mundos. Algunos son casi idénticos a los nuestros, mientras que la mayoría son muy diferentes. Todos estos mundos son igualmente reales, existiendo continuamente a través del tiempo, y poseen propiedades que se definen con precisión. Además, todos los fenómenos cuánticos surgen de una fuerza universal de repulsión entre los mundo 'cercanos' (es decir, similares) que tiende a hacerlos más disímiles".

Alberto Casas, investigador del Instituto de Física Teórica UAM/CSIC, es un científico dedicado a la física teoría. En el blog del CSIC, *Ciencia para llevar*, se volcó parte de la conferencia que Casas dio, en 2014, en TEDxMadrid. Allí, también él abordó la teoría de los universos paralelos.

Dice Casas:

"Con el tiempo, la interpretación de los Muchos Mundos ha ido ganando adeptos, y hoy en día se considera una perspectiva perfectamente seria de la física cuántica, aunque no está comprobada (y es difícil diseñar experimentos que puedan decidir entre ella y la ortodoxa)".

Más adelante, Alberto Casas se aleja en cierta forma de las implicancias físicas, para entrar en consideraciones ciertamente psicológicas y, de muchas maneras, sobrecogedoras. Propone:

"Si se acepta la Hipótesis de los Muchos Mundos, el 'yo' que sentimos sería sólo una de nuestras versiones: el 'yo' de una cierta rama cuántica. Y de forma permanente se siguen creando desdoblamientos de nuestro 'yo', puesto que continuamente estamos realizando observaciones de uno u otro tipo. Los nuevos 'yos' que se crean a cada momento comparten un pasado común, pero tienen ante sí un futuro diferente. Esencialmente, todas las posibilidades potenciales se realizan en una rama u otra de nuestro complicado estado cuántico. Por ejemplo, si apostamos a un número en la ruleta de un casino, la mayor parte de los 'yos' que se crean en ese momento verán fallar la apuesta, pero en algunas afortunadas ramas nuestros 'yos' resultarán agraciados. Esta perspectiva relativiza nuestra propia existencia".

Capítulo 4
Tiempo e inmortalidad

> "El tiempo es la sustancia de que estoy hecho.
> El tiempo es un río que me arrebata, pero yo soy el río;
> es un tigre que me destroza, pero yo soy el tigre;
> es un fuego que me consume, pero yo soy el fuego.
> El mundo desgraciadamente es real;
> yo, desgraciadamente, soy Borges".
>
> Jorge Luis Borges

Al comenzar 2015, cosmólogos, físicos y filósofos pusieron especial atención en un joven profesor de filosofía del Instituto de Tecnología de Massachusetts, de nombre Bradford Skow.

Este investigador afirmaba, en un libro que acababa de salir a la venta, que pasado, presente y futuro no son parte de una sucesión temporal según la cual el tiempo avanza como las aguas de río. Para Skow, pasado, presente y futuro coexisten, de modo que, de cierta forma, todo el tiempo existente es un puro presente.

Tratando de explicar su teoría, el joven profesor de filosofía dice que, si alguien pudiese mirar al universo "desde arriba", lo que vería es el tiempo extendido en todas direcciones. Así, el pasado no desaparece, sino que es presente en algún otro espacio-tiempo.

Skow afirma que las experiencia vividas por alguien en el pasado mediato o inmediato son reales y siguen existiendo; claro que quien las ha vivido no puede regresar a ellas, porque ya está en otra parte del espacio-tiempo.

Pasado, presente y futuro

El filósofo del Instituto de Tecnología de Massachusetts no es, claro, el primero en formular una teoría según la cual el tiempo no es como las aguas de un río que fluyen siempre hacia adelante. El eternalismo, como corriente filosófica, ya hablaba del tiempo como una dimensión más del universo, con lo cual no habría tres sino cuatro dimensiones en el universo físico. Ligada al eternalismo, la teoría del universo de bloque postulaba que el pasado y el presente existen, pero no así el futuro.

La teoría de Skow se apoya, precisamente, en la del universo de bloque, pero agrega el futuro como uno más de los elementos coexistentes.

En el momento en que Albert Einstein presentó su teoría de la relatividad completa, las preguntas sobre la índole del tiempo comenzaron a florecer, y la filosofía empezó a interrogarse sobre la misma cuestión.

Javier Yanes, biólogo y periodista especializado en ciencia, en un artículo en el que refuta la teoría del universo de bloque creciente (UBC), recurre al propio Einstein para desbaratar parte de los supuestos de la teoría:

"El físico alemán descubrió que las cosas ocurren de diferente manera según la posición y la velocidad de cada observador. Un reloj corre a distinto ritmo según la velocidad a la que se mueva. En una situación extrema, si viajáramos en una nave próxima a la velocidad de la luz, o nos sumiéramos en un agujero negro, lo que para nosotros transcurriría en unos segundos sería una eternidad para quien nos observara desde afuera. Y, dado que la ocurrencia simultánea de dos cosas es imposible, el concepto de presente no tiene sentido, lo que derriba el principio fundador del UBC".

La corrección que aporta Skow, entonces, viene a remediar ese concepto de presente sin sentido porque, si los tres términos temporales coexisten, ya no habría un "ahora".

En verdad, ya Albert Einstein, en su teoría de la relatividad general, hablaba de la "dilatación del tiempo", un fenómeno según el cual un observador inmóvil advierte que el reloj de otro (uno similar) avanza de un modo más lento que el suyo.

Dicha dilatación del tiempo, dice Einstein, puede producirse o bien por velocidad, o bien por gravitación. La dilatación del tiempo por velocidad, según la fórmula que el genio alemán desplegó en su teoría de la relatividad general, ocurre porque la duración del ciclo de un reloj que se mueve se extiende; o sea, el reloj funciona más despacio.

Dicho efecto se incrementa en la medida en que aumenta la velocidad relativa a la que se mueve el reloj. En la vida cotidiana, el fenómeno es tan imperceptible que no se justifica tenerlo en cuenta.

La dilatación del tiempo por gravitación ocurre cuando el tiempo propio, medido por un hipotético observador situado sobre la superficie de un planeta, es menor que el tiempo propio de otro observador situado a mayor altura que el primero. Aquí, "tiempo propio" es el tiempo medido para un observador viajando por el espacio-tiempo a una cierta velocidad.

Dice el físico Enrique Cantera del Río:

"Desde Galileo, la física clásica siempre asumió la relatividad del espacio: un objeto puede ocupar un lugar fijo para un observador y para otro ocupar varios lugares sucesivamente. Pero, si nos dicen que el tiempo es relativo, es decir, que las acciones físicas en un experimento no tienen por qué tener el mismo orden temporal para todos los observadores, parece que se abren las puertas del Caos, de la falta de causalidad. La idea tradicional de tiempo conlleva esta impresión; pero un examen más profundo elimina la imagen de caos arbitrario y restablece la idea de Universo en física mediante el principio de relatividad".

En realidad, para cualquier ser humano del común es, como señala Cantera del Río, muy difícil asumir un tiempo tan relativo que hasta podría, en determinadas condiciones que aún hoy es imposible reproducir, hasta retroceder.

Según un sistema de ecuaciones que el propio Einstein desarrolló, Cantera del Río concluye, a propósito del ejemplo de los relojes:

"Un reloj en movimiento (sistema +: t1m) atrasa progresivamente comparado con uno en reposo (sistema −:t1r) en la localización correspondiente. No es posible para un observador inercial sincronizar relojes en reposo con relojes en movimiento, y por tanto, la definición de tiempo no se puede ampliar para incluir a más de un sistema inercial".

Es bueno aclarar que el sistema de referencia inercial es un sistema de referencia en el que las leyes de movimiento cumplen las leyes de Newton.

La dilatación del tiempo, tal cual la planteó Einstein de modo matemático, se comprobó experimentalmente en 1971, cuando dos científicos, J. C. Hafele y R. Keating, subieron a bordo de aviones comerciales con sendos relojes atómicos de cesio. Dichos relojes estaban sincronizados precisamente con relojes similares que quedaron en tierra.

Uno de los aviones despegó, realizó un largo viaje y regresó al mismo aeropuerto del que había salido. Cuando se compararon el reloj que había estado en el vuelo con el que había quedado en tierra, los artefactos ya no estaban sincronizados. El reloj que había sido colocado a bordo de la nave estaba ligeramente retrasado respecto del que no había volado. La diferencia era muy pequeña pero podía verificarse perfectamente.

Agujeros de gusano

Nathan Rosen fue un brillante físico israelí que, a pesar de haber nacido cuatro años después de que Albert Einstein publicase su primera versión de la teoría de la relatividad, llegó a trabajar codo a codo con el genio alemán. Junto a Einstein y Podolsky, formularon la paradoja EPR, y con Einstein hablaron por primera vez de lo que luego se conoció como "agujero de gusano", aunque ellos lo habían denominado "puente Einstein-Rosen".

Esta particular singularidad cósmica, que fue demostrada matemáticamente pero cuya existencia aún no pudo comprobarse en forma empírica, es una suerte de túnel que conecta dos puntos de espacio-tiempo.

Ese túnel, que sería un atajo entre esos dos puntos distantes en el espacio-tiempo, tiene una entrada y una salida, y es una dimensión producida por una distorsión del tiempo y la gravedad.

En 1957, John Weeler, un físico teórico estadounidense, lo bautizó "agujero de gusano", precisamente porque dicho túnel se asemejaría al agujero que hace un gusano en una manzana, cruzándola por el interior, y no bordeando su circunferencia.

Existen dos tipos de anomalías de este tipo: los agujeros intrauniverso, que son aquellos que conectan dos puntos alejados de un mismo universo, y los agujeros interuniverso, que son aquellos que conectan dos universos paralelos.

Se supone, además, que estos túneles tienen una vida muy efímera; se forman y desaparecen rápidamente, por lo cual sería virtualmente imposible viajar a través de ellos (El reciente filme *Interestelar*, de Christopher Nolan, aprovecha el concepto de agujero de gusano en un contexto de ciencia-ficción).

Si bien aún no se han hallado elementos que comprueben la existencia de esta suerte de túneles espacio-temporales, en junio de 2014 la revista de divulgación científica *RT* decía:

"En el centro de la Vía Láctea hay varios agujeros de gusano y no un agujero negro, aseguran científicos chinos. Si su hipótesis se confirma, significaría que hay un túnel de tiempo en el centro de nuestra galaxia".

Los científicos en cuestión son Zilong Li y Cosimo Bambi, de la Universidad Fudan, en Shangai. Según el estudio publicado por ambos físicos, en el centro de la galaxia existe un tipo de energía compatible con las que debería hallarse en la proximidad de los agujeros de gusano.

Agrega la revista:

"Actualmente, el mundo científico está considerando que en el centro de nuestra galaxia –al igual que en otras– se localiza un agujero negro supermasivo: Sagittarius A. No obstante, los investigadores chinos aseveran que este evento cósmico está relacionado con la Teoría General de la Relatividad de Einstein y está copiando las cualidades del agujero negro, pero posee todas las características de los agujeros de gusano, lo que significa que podría conectar las diversas regiones de universo".

La diferencia del agujero de gusano con el agujero negro es que este último no sólo ha podido ser visualizado mediante potentes telescopios, sino que podría definírselo como una zona del universo en la que la fuerza de gravedad es tan fuerte que nada, ni siquiera la luz, puede escapar de su atracción.

Puede tener el tamaño de un átomo, aunque en su interior se concentra una masa capaz de formar una de las grandes montañas conocidas; o puede ser muy grande y contener en su interior el equivalente de 20 soles.

Nada ni nadie pasa a través de ellos, como podría ocurrir teóricamente usando el túnel de los agujeros de gusano.

Un mes antes de aquella información sobre el hallazgo de los científicos chinos, *RT* daba cuenta de la hipótesis sostenida por un científico británico, dada a conocer por el periódico inglés *The Daily Mail*.

Lucas Butcher, de la Universidad de Cambridge, había afirmado que, si un agujero de gusano permanecía abierto la suficiente cantidad de tiempo, entonces el hombre podría enviar mensajes en el tiempo, mediante pulsos de luz.

Dice *RT*:

"El reciente estudio del doctor Butcher ofrece una posible solución [a la permanencia de mayor cantidad de tiempo abierto]; sugiere que, si un agujero de gusano es mucho más largo que ancho, la cantidad de energía negativa presente en su interior sería suficiente para que el túnel colapse muy lentamente, lo cual proporcionaría la posibilidad de enviar fotones y, por tanto, un pulso de luz de un extremo a otro a través de su interior. La teoría supone que los extremos de un agujero de gusano se encuentran en diferentes puntos en el tiempo, con lo cual, si la teoría de Butcher resulta correcta, un mensaje podría ser transmitido a través del tiempo".

Queda por responder, como bien aclara la revista, si dicho pulso de luz sería lo suficientemente grande como para poder portar un mensaje con algún tipo de significado.

La muerte no existe

Desde el mismo momento en que Albert Einstein postuló (y se demostró luego) que el tiempo no es lineal, ni fluye como las aguas de un río, muchos científicos en el mundo comenzaron a trabajar sobre diferentes premisas en torno a la naturaleza y el comportamiento del tiempo. Aquella legendaria "máquina del tiempo", con la que soñó el cine de ciencia-ficción, parece cada vez más al alcance de la mano.

Robert Lanza es uno de los científicos que más lejos ha llegado en cuanto a postulaciones en torno al tiempo. A diferencia de otros de sus colegas, Lanza dice, por ejemplo, que la muerte no existe; que la muerte, tal cual la concebimos hoy, es, apenas, una construcción de la conciencia. Muere el cuerpo, no el ser.

Miembro de la Escuela de Medicina de la Universidad Wake Forest, de Carolina del Norte, y especialista en medicina regenerativa, Lanza ha creado la teoría del universo biocéntrico, biocentrismo o teoría del todo.

Así lo explica la periodista Victoria Woollaston:

"El biocentrismo es clasificado como la *teoría del todo* […]. Es la creencia de que la vida y la biología son centrales a la realidad y que la vida crea el universo, no al revés".

Lanza afirma que la mayoría de las cosas que nos rodean son como las vemos sólo porque así lo determina nuestra conciencia. Es nuestra conciencia la que le da sentido al mundo, pero puede ser cambiada para que ese sentido se modifique. Dice Woollaston:

"Al observar el universo desde el punto de vista biocéntrico […] el espacio y el tiempo no se comportan de la manera dura y rápida que nuestra conciencia nos dice que se comportan. En resumen, el espacio y el tiempo son 'meros instrumentos de nuestra mente'".

Cuando se acepta que el tiempo y el espacio son apenas construcciones mentales, propone Lanza, entonces la idea de la muerte, tal cual la concibe nuestra conciencia actual, cambia sustancialmente.

En 2009, en coautoría con Bob Berman, Lanza publicó un libro al que titularon *Biocentrismo: de cómo la conciencia y la vida son las claves para entender la verdadera naturaleza del universo*. Algún tiempo después, Adela Kaufmann lo tradujo al castellano para la publicación de divulgación científica *Discover Magazine*.

Allí dice Lanza:

"Hace trescientos años, el empírico irlandés George Berkeley aportó una observación particularmente clarividente. Lo único que podemos percibir son nuestras percepciones. En otras palabras, la conciencia es la matriz sobre la que se aprehende el cosmos. El color, el sonido, la temperatura y similares sólo existen como percepciones en nuestra cabeza, no como esencias absolutas. En el más amplio sentido, no podemos estar para nada seguros de un universo exterior".

Lanza recuerda que, durante mucho tiempo, las afirmaciones de Berkeley fueron consideradas sólo como especulaciones filosóficas, lejos de cualquier comprobación empírica. La mecánica cuántica llegó luego para demostrar parte de lo que afirmaba aquel filósofo irlandés.

Aquellos eran tiempos en los que nadie hubiese pensado que la naturaleza de la luz era ondulatoria, hasta que Thomas Young hizo su famoso experimento de la doble rejilla. En línea con las provocaciones de Berkeley, Robert Lanza afirma:

"De acuerdo con el biocentrismo, el tiempo no existe independientemente de la vida que lo observa".

Y, en el camino que lo conducirá hacia la osada afirmación de que la muerte no existe, Lanza afirma:

"Vemos envejecer y morir a nuestros seres queridos, y se supone que una entidad externa llamada *tiempo* es la responsable del *crimen*. Hay una intangibilidad peculiar al espacio, también. No podemos recogerlo y llevarlo al laboratorio. Al igual que el tiempo, el espacio no es ni físico ni fundamentalmente real, en nuestra opinión. Más bien, es un modo de interpretación y comprensión. Es parte del software mental de un animal que moldea las sensaciones en objetos multidimensionales. La mayoría de nosotros todavía piensa como Newton, en relación con el espacio como una especie de recipiente grande que no tiene paredes. Pero nuestra noción del espacio es falsa".

Desde este particular punto de vista, el científico estadounidense concluye con que, en realidad, todo el universo mismo es obra de la conciencia, y que la conciencia no puede morir, porque sería la muerte del universo mismo; un universo que está específicamente preparado para sostener la vida y la conciencia.

Sin embargo, en tanto el ser humano se identifica con el cuerpo, supone que la muerte del cuerpo supone también la muerte de la conciencia algo que, afirma Lanza, no sucede.

La supervivencia de la conciencia se complementa necesariamente con la existencia de universos múltiples que existen simultáneamente. Así, un cuerpo muere en un universo pero continúa vivo en otro, y es este cuerpo vivo el que absorbe la conciencia que ha emigrado del cuerpo que ha muerto.

Se cree en la muerte porque la conciencia asocia la vida con el cuerpo, postula Lanza. Si se aceptara que el tiempo y el espacio no son más que herramientas de la mente, entonces el concepto de inmortalidad sería natural en un universo sin límites espaciales o temporales.

Capítulo 5
EL TIEMPO,
DE LA CIENCIA-FICCIÓN
A LA FILOSOFÍA

> "El mundo real es mucho más pequeño
> que el mundo de la imaginación".
>
> Friedrich Nietzsche

Es muy probable que aquel hombre de la tribu que alzaba los ojos al cielo, interrogándose acerca del origen de esas miles de lucecitas que brillaban cada noche, no se haya espantado al suponer que ese espacio, el que albergaba a esas lucecitas lejanas, fuese infinito.

No ocurre lo mismo con el tiempo. Para cualquier ser humano, la teoría de Einstein significa un desafío demasiado grande para la mente; pero, al mismo tiempo, una provocación demasiado tentadora como para no proponerse jugar con ella.

Espacio y tiempo, en suma, son los materiales esenciales con los que se puede intentar imaginar el futuro, tal cual lo vienen haciendo, desde hace años, la literatura y el cine de ciencia-ficción.

Multiplicando lingotes

René Barjavel fue un prolífico escritor francés al que obsesionaba la nueva tecnología como el factor que habría de ser el responsable de la destrucción de la civilización tal cual se conocía hasta entonces.

Curiosamente (o precisamente por eso), Barjavel fue uno de los mejores cultores de un género literario aún en pañales, como era la ciencia-ficción. Esa tecnología que habría de ser la asesina de la civilización fue, de muchas maneras, la que el escritor francés utilizó como materia prima para sus relatos.

Así, sin saberlo, en 1943 publicó el libro que lo haría famoso: *El viajero imprudente*. En dicha obra, el narrador construye lo que luego tomarán varias ramas de la ciencia: la paradoja temporal o paradoja del abuelo; un argumento que le serviría a muchos pensadores para poder negar la posibilidad del viaje en el tiempo.

El relato habla de un hombre que viaja en el tiempo, y en el pasado al que arriba mata a su abuelo, antes de que éste conozca a la que será su esposa, o la sea, la abuela del viajero.

En el mismo momento en que el crimen ocurre, toda una serie de eventos temporales desaparece automáticamente. Si el abuelo del viajero no llegó a conocer a su esposa, ésta no pudo concebir a quien sería uno de los padres del viajero (madre o padre), con lo cual tampoco el viajero fue concebido y, naturalmente, tampoco pudo haber hecho ese viaje en el tiempo hacia el pasado.

Pero, si no hubo viaje en el tiempo, el abuelo del futuro viajero no fue asesinado. Conoció a la abuela del viajero, ambos concibieron a uno de los padres del viajero, el viajero nació, y entonces puede hacer el viaje. Pero, en ese viaje, mata a quien será su abuelo, y el círculo recomienza una y otra vez.

La paradoja, que para varios filósofos y teólogos da por tierra con la ilusión de que viajar en el tiempo sea posible, no ha desalentado, sin embargo, a escritores y cineastas. Novelistas brillantes, como H. G. Wells, Ray Bradbury, Issac Asimov, Aldous Huxley o Julio Verne, han engalanado el género; y una maravillosa serie televisiva, como *Viaje a la estrellas* (*Star Trek*), mantiene vigencia desde 1966, en que fue creada por Gene Roddenberry.

Los científicos, empero, dicen haber encontrado la solución a la paradoja del abuelo: aducen que, en realidad, aquel viajero que ha llegado al pasado y ha matado a su abuelo lo ha hecho en un universo paralelo, en un mundo en el que el viajero nunca ha existido. (Ésta es más o menos la argumentación a la que recurre el último filme de la serie *Terminator: Génesis*).

El razonamiento, en apariencia, también contiene un error, acaso insalvable. Cuando Stephen Hawking postuló su célebre conjetura de protección de la cronología, decía que las leyes actuales de la física impiden el viaje en el tiempo, como no sea a escala submicroscópica. Y, para probarlo, argumentaba que, si tal viaje fuera posible, estaríamos llenos de turistas del futuro.

Pronto, otros científicos lo refutaron argumentando que, en efecto, no es posible el viaje al pasado, pero nada dice Hawking de viajar al futuro. La paradoja del lingote de plata fue, hasta hoy, la que probó que sería imposible viajar del futuro al pasado.

Dice el astrónomo español Francisco A. Violat Bordonau:

"La paradoja recibe este curioso nombre debido a que el autor planteó la situación al revés para demostrar esta imposibilidad [la de viajar al pasado]: supongamos que compramos un lingote de plata que depositamos en un banco, en el interior de una caja fuerte de alquiler, el día 2 de enero (no olvidemos que el primero de enero es fiesta). Esperamos un año entero y cuando nos encontramos en el día 31 de diciembre montamos en la máquina y retrocedemos al día de ayer, 30 de diciembre. Una vez desembarcados (suponemos que en el interior de nuestro laboratorio) vamos al banco en cuanto abren y retiramos el lingote, metal precioso que viajará al presente con nosotros en donde al bajar de la máquina lo depositaremos en la mesa de nuestro laboratorio. Volvemos a montar en la máquina y retrocedemos dos días, hasta el 29 de diciembre: vamos al banco, hablamos con el responsable de las cajas de seguridad, bajamos con él, abrimos la nuestra y en su interior encontramos el lingote intacto. Lo tomamos, salimos del banco, montamos en la máquina del tiempo y regresamos al 31 de diciembre. Cuando bajemos de la máquina, tendremos con nosotros dos lingotes de plata".

Violat Bordonau propone repetir la operación una y otra vez, siempre un día más atrás; cada vez que el viajero regresa, lo hace con un lingote de plata más. Y se pregunta: ¿por qué ocurre esto?

La respuesta es simple, se dice: la flecha del tiempo transcurre siempre en dirección pasado-futuro, y con sentido pasado-futuro; nunca en sentido futuro-pasado, por lo cual le resulta imposible llevar la información de lo que sucede en el futuro al pasado.

Viajar en el tiempo

A mediados de los años 80, el astrofísico teórico ruso Ígor Nóvikov, abocado desde hacía un tiempo a la cuestión de las paradojas, formuló lo que se conocería como el principio de autoconsistencia. Allí, Nóvikov afirmaba que, si una secuencia de eventos se produce, es imposible que generen una paradoja.

A diferencia de la paradoja del abuelo planteada por Barjavel, el astrofísico ruso acude al ejemplo de una bola de billar que, lanzada a través de un agujero de gusano, irá hacia atrás en el tiempo para impactar con su propia versión en el pasado. Dicho impacto, en consecuencia, modificaría el curso de la bola en el presente, evitando que entrase en el agujero de gusano.

Dichos eventos, postuló el ruso, son coherentes, tanto como toda la variedad de impactos posibles de la bola con su versión en el pasado, por lo cual no existe paradoja alguna.

Dice la especialista en astronomía María Kaulen:

"Aunque alguien viaje atrás en el tiempo, el futuro que abandone no podrá cambiarse. Todos los eventos permanecerán como fijados en el tiempo. Las acciones del viajero en el pasado ya han pasado a formar parte de la historia. Esto se conoce como el Principio de Autoconsistencia de Nóvikov. Ejemplo: digamos que viajas atrás en el tiempo para matar a Adolf Hitler cuando era bebé y así evitar la Segunda Guerra

Mundial. Lo reemplazas con un bebé huérfano, para que la familia no lo note. Viajas de vuelta al futuro y resulta que el niño que dejaste en reemplazo creció para convertirse de todos modos en Adolf Hitler".

Como se ve, el científico ruso no convalida la paradoja del abuelo, según al cual matar al abuelo en el pasado modifica el presente del viajero en el tiempo.

La teoría sobre la que se apoya la paradoja del abuelo postula una línea de tiempo dinámica, al contrario de lo que afirma Nóvikov, para quien lo que existe es una línea de tiempo fija.

Por fin, existe una tercera teoría respecto de los viajes en el tiempo, y es la que se basa en la idea de los multiversos. O sea, una cantidad indeterminada de universos alternos.

Leamos nuevamente a Kaulen:

"El concepto de multiversos sostiene líneas de tiempo alternativas, en un infinito número de universos paralelos. Viajar al pasado provoca una nueva línea de tiempo divergente de la primera. Debido a esto, el viajero puede hacer cualquier cosa con impunidad, y sólo la nueva línea de tiempo se verá afectada. Ejemplo: viajas atrás en el tiempo y matas a tus abuelos. Nada pasa. No hay paradoja, simplemente creas una nueva línea de tiempo en donde tú nunca existirás, pero el viajero original no se ve afectado. Sin embargo, no puedes volver a tu línea de tiempo original".

Pero, regresando a Ígor Nóvikov, el astrofísico ruso afirma que, si un evento ocurre y produce una paradoja temporal, la posibilidad de que ese evento ocurra es cero.

Un gato famoso

Viajar en el tiempo, empero, sigue siendo una suerte de obsesión para muchos seres humanos, para muchos creadores de ciencia-ficción y, claro, para muchos científicos; de modo que las hipótesis se multiplican. Para los más osados, la mecánica cuántica es un verdadero trampolín.

En 1935, Erwing Schrödinger, un físico austríaco nacionalizado irlandés, premio Nobel de Física en 1933, propuso un experimento profundamente contrainductivo para probar las paradojas a las que arroja la mecánica cuántica.

Schrödinger plantea, en lo que se conoció como "el gato de Schrödinger", un sistema cerrado en el que se encuentra una caja cerrada y opaca que contiene en su interior un gato y una botella con gas venenoso, dotada de un dispositivo que contiene una partícula radiactiva con una posibilidad del 50% de desintegrarse luego de un determinado tiempo. Si eso ocurre, el veneno se libera, y el gato muere.

Vale decir que, transcurrido el tiempo prefijado, existe un 50% de posibilidades de que la partícula se haya desintegrado, y el gato haya muerto por los efectos del gas venenoso, y otro 50% de que ello no haya ocurrido.

En la física cuántica, la "función onda" es la forma física de representar un sistema de partículas. En el problema del físico austríaco, el resultado de la función onda será la superposición de los estados "vivo"-"muerto" del gato, lo que sólo se develará cuando intervenga un observador.

La mecánica cuántica ha demostrado que los electrones tienen la capacidad de estar en dos lugares al mismo tiempo, con lo cual serán detectados al unísono por dos receptores; en este caso, "vivo" y "muerto". Ésa es la "superposición".

Sin embargo, tal cual postuló al comenzar el siglo XX Albert Einstein, es la mirada del observador la que define la ecuación. En este caso, la que altera ese estado de superposición. Recién cuando el observador intervenga, el gato estará, efectivamente, vivo o muerto.

Lo que Erwing Schrödinger se propuso demostrar con su dilema fue que, mientras en el sistema clásico la resolución hubiese acaecido independientemente de cualquier observador (el gato hubiese estado vivo o muerto sin que nadie abriese la caja), en el terreno de la física cuántica la superposición de los estados mantiene la indefinición hasta que interviene el observador.

El tiempo fractal y el metaverso

El gato de Schrödinger ha sido el punto de partida para que científicos de distintas partes del mundo comiencen a pensar en una nueva teoría del tiempo. Se la conoce como "líneas temporales relativas".

Esta nueva teoría especula con que el universo en que vivimos y al que conocemos no tiene, sin embargo, una línea temporal absoluta, sino que cada partícula (física cuántica) tendría su propia línea del tiempo. En consecuencia, los seres humanos, frutos de una suma de partículas, también tendrían su propia línea temporal.

Las partículas físicas, entonces, estarían afectadas por fuerzas físicas, incapaces de intervenir en líneas temporales. Así planteado, un hombre podría viajar al pasado, matar a su propio abuelo, y nada cambiaría en ese viajero en el futuro porque, al no haber líneas temporales absolutas, no hay "destino" (digámoslo así) que deba cumplirse.

De tal modo, la teoría de las líneas temporales relativas se emparienta con la de los universos paralelos, pero en el mismo universo. Vale decir, una línea de tiempo no incide ni modifica a las otras que pudieran existir.

Un sesudo trabajo sobre la curvatura del tiempo, publicado en *StarViewerTeam*, un espacio dedicado a las ciencias por TV Hibérica, dice:

"Científicamente, ya sabemos que el tiempo no existe. Por expresarlo de forma más correcta, lo que no existe es el tiempo lineal universal, ya que lo que realmente existe es un conjunto de tiempos fractales lineales que son relativos al observador y posiciones en función de los eventos cuánticos de un universo escalar global. Por lo tanto, no podemos hablar de tiempo lineal en sentido estricto, sino de multiescalas de tiempo. Cada escala de tiempo del multitiempo sería un fractal, y éste fluctuaría en diferentes direcciones, a diferentes velocidades, y generaría diferentes pasados y futuros en escenarios supersimétricos, en líneas alternativas sucesivas que se intersectarían con otras líneas de tiempo fractal que a largo plazo son convergentes de forma logarítmica".

A continuación, el trabajo ejemplifica el modelo teórico postulado.

Supone que alguien debe enfrentarse súbitamente a una situación en la que se pone en juego su futuro. La situación requiere que el protagonista tome varias decisiones al mismo tiempo y a toda velocidad para cambiar el curso de acontecimientos futuros que lo perjudicarían enormemente.

En general, la mayoría de los seres humanos hemos pasado por este tipo de situación y, también en general, hemos podido actuar como el momento lo exige.

Regresemos al trabajo:

"Todos hemos vivido momentos en los que tenemos la percepción del transcurso extremadamente rápido o lento del tiempo, y curiosamente, en ese transcurrir extremadamente rápido, simultáneamente, haber experimentado una aceleración cuántica de acontecimientos, eventos, emociones, experiencias, etc., que han cambiado nuestra vida. Es únicamente desde esta percepción que se puede llegar a entender el tiempo y explicarlo con un modelo matemático. Desde un observador externo, habrían pasado dos meses; sin embargo, en ese intervalo de tiempo, mi vida podría dar un giro de 180 grados, e incluso en intervalos de tiempo inferiores a un segundo puedo haber gestionado procesos que habitualmente podrían haberme llevado años bajo determinadas circunstancias".

Más adelante, tomando en parte las ideas de Robert Lanza, el trabajo afirma que la percepción del tiempo es, en realidad, una magnitud de la conciencia. La conciencia es capaz de detener el tiempo, e incluso curvarlo a su antojo, cambiando realidades y modificando decisiones tomadas en el pasado. Para los autores del trabajo, empero, más que una cuestión de líneas temporales relativas, se trata de la existencia de múltiples universos, interactuando en un gran metaverso del cual el ser humano es la energía primigenia.

Entonces, en la medida en que somos energía en movimiento continuo, si tomamos conciencia de ese movimiento, seremos capaces de interactuar con ese cosmos al que pertenecemos.

"Desde esa lógica coherente, al entrar en convergencia con nuestros propios procesos emocionales, modificamos la realidad generando un contexto de 'pliegue espacio-temporal' que permite interactuar en nuestros escenarios de vida. La cuestión reside más en la velocidad de toma de decisiones que en las decisiones en sí mismas".

La conciencia como generadora del concepto "tiempo" o, acaso, el tiempo sometido al devenir de la conciencia son cuestiones que no sólo deberían ocupar a las ciencias duras sino también, por ejemplo, a la filosofía. Si pasado, presente y futuro son, en realidad, como el propio Einstein declaró, apenas una ilusión, las preguntas, entonces, se agolpan peligrosamente.

Jorge Mier Hoffman, en su blog *Arqueoastronomía*, dice:

"La física enseña que todos los eventos en el pasado y en el futuro están implícitos en todo momento en el presente [...]. Que nos cueste entender que toda la existencia –todo el tiempo– del universo está ligado a un flujo continuo de concatenación ubicua tiene que ver con que nuestra percepción es muy limitada, y lo que vemos, el tiempo que percibimos, es el resultado de cómo está construida nuestra percepción. En un sentido puramente físico, la información –como un salmón cuántico– viaja tanto del pasado hacia el futuro como del futuro al pasado. En palabras de Einstein, al menos la sucesión temporal unidireccional es una ilusión".

El tiempo como percepción

Posiblemente, cuando Albert Einstein afirmó que la idea lineal del tiempo era simplemente una ilusión ("muy convincente"), muchos pudieron haberse asombrado por tamaña definición. Pero lo cierto es que Einstein no fue el primero en pensar el tiempo como un producto de la mente.

John McTaggart Ellis McTaggart fue un filósofo idealista inglés que no sólo comprendió a Hegel como nadie, sino que, en 1908, publicó una obra que lo haría célebre: *La irrealidad del tiempo*.

Allí, el británico afirmaba que el tiempo no es más que una construcción de la mente humana, y proponía un par de nociones para interpretar la percepción del tiempo que tenemos los seres humanos.

La Serie A, decía Mc Taggart es la plataforma en la que organizamos pasado, presente y futuro, de acuerdo con un orden temporal que va de lo más antiguo a lo más actual; y desde el presente al futuro cercano.

La Serie B, en cambio, sólo dispone los sucesos según un orden más rudimentario: "anterior a" o "posterior a".

El filósofo y docente Eduardo Shore lo explica así:

"Mc Taggart se apoya en el hecho de que no percibimos el tiempo en sí mismo, un tiempo vacío de sucesos: lo que en verdad percibimos es el transcurrir de los acontecimientos, tanto de los externos como los de nuestro propio estado interno en la conciencia. Todo el desarrollo de Mc Taggart, y también su originalidad, consiste en el desentrañamiento del mecanismo por el cual aprehendemos el carácter temporal del acaecer, a través del cual tenemos la ilusión de que percibimos el tiempo. De ese análisis se desprende su tesis: la manera de captar lo temporal es contradictoria en sí misma, por lo que, sin el significante, lo significado, en este caso el tiempo, es nada".

Procurando demostrar la teoría de Mc Taggart, Shore propone un ejemplo. Supone dos sucesos. A uno lo llama A1 y ha ocurrido cierto día entre las 9 y la 10 de las mañana, y al otro lo llama A2 y sucedió entre las 11 y las 12.

Un observador imparcial puede verificar que A1 ha sido anterior a A2 porque así ocurrió, pero el tiempo, en sí mismo, por fuera de los sucesos que determinan una cierta correlación, es imposible de percibir. Dicho esto, Shore va a la esencia de lo que afirma Mc Taggart:

"No sabemos qué es el espacio y mucho menos el tiempo, porque ni uno ni otro, en sí mismos, pueden ser percibidos. Sin embargo, como es evidente que tenemos tanto el sentimiento de lo espacial como de lo temporal, conviene recordar en que se apoyan en la existencia de las cosas, en lo que hace al espacio, y en la de los sucesos, en relación con el tiempo".

O sea, son los objetos materiales los que nos permiten "percibir" el espacio, y son los sucesos los que nos permiten "percibir" el tiempo.

Así, dirá Shore, siguiendo el razonamiento de Mc Taggart, percibimos el tiempo según dos nociones. Una es la que nos dice que un determinado suceso es anterior a otro y posterior a un tercero. Y una segunda noción, ordenando los sucesos, dirá pasado, presente o futuro.

La primera noción será entonces permanente: el suceso que fue anterior a otro lo seguirá siendo. Nada modificará esa sucesión temporal. Pero el suceso que ahora es presente fue futuro y será pasado.

Agustín Arrieta Urtizberea, profesor de filosofía de la Universidad del País Vasco, antes de hablar de Mc Taggart, introduce la problemática del tiempo de la siguiente manera:

"Una de las imágenes más habituales del tiempo es aquella que representa al mismo como 'algo' que fluye, como 'algo' que implica un incesante movimiento. Lo que es futuro pasa a ser presente, para caer en el pasado. Frente a esta forma de ver el tiempo, cabe otra que se configura y materializa en el uso que hacemos de expresiones como 'a ocurrió antes (después/a la vez) que b'. Estas dos perspectivas del tiempo han venido a denominarse la visión dinámica y estática del tiempo. Ambas perspectivas no son excluyentes, aunque sí hay una discusión en lo referente a cuál de las dos es la más fundamental. Para ello se han planteado diferentes formas de reduccionismo en una dirección y en otra".

El orden del tiempo

El párrafo del filósofo vasco sintetiza admirablemente las dos líneas de análisis que ha postulado Mc Taggart.

El filósofo idealista británico, tal cual recuerda el propio Arrieta Urtizberea, había afirmado que *el tiempo implica cambio* y que *cambio implica Serie A*, por lo cual la *Serie A es irreal*. Recordando que la Serie A es aquella según la cual concebimos el tiempo como pasado, presente y futuro, Mc Taggart afirma que cambio y tiempo son irreales.

Arrieta Urtizberea lo explica así:

"Mc Taggart considera que a través de la percepción, memoria y capacidad inferencial, nosotros caracterizamos los eventos como presentes, pasados o futuros, es decir, situados en la A-serie. El problema que él se plantea es el definir la noción de cambio. Para Mc Taggart las supuestas relaciones temporales que en la B-ordenación se establecen son permanentes y sobre ellas no cabe justificar ninguna noción de cambio sobre los eventos. La noción de cambio, que Mc Taggart identifica como 'cambio sobre un evento', sólo puede justificarse si aceptamos las A-características que constituyen la A-serie, de tal forma que un evento cambia de A-características porque en un principio fue futuro, luego presente, para acabar hundiéndose progresivamente en el pasado".

Controvertida, a veces duramente cuestionada, pero llena de una originalidad innegable, la teoría que Mc Taggart formuló antes de que concluyera la primera década del siglo XX, viene a funcionar como aporte teórico desde la filosofía a lo que los astrónomos de la primera década del siglo XXI han comenzado a sostener.

Desde la filosofía

Efectivamente, como señala Arrieta Urtizberea, espacio y tiempo han sido motivo de preocupación de distintos pensadores a lo largo de la historia de la filosofía. Aristóteles, recriminándoles a las matemáticas no ocuparse del tiempo, además de hacerlo con el espacio. Kant, considerando el espacio y el tiempo como factores anteriores a la intuición pura; y, por fin, Leibniz, considerando que espacio y tiempo nada son fuera de las cosas.

Lo cierto es que, para los filósofos, la cuestión del tiempo y el espacio jamás les fue ajena, y nunca dejaron de preguntarse acerca de la naturaleza de ambos conceptos.

La filosofía cosmológica, como se conoce a la rama de la filosofía que se ocupa de analizar, entre otros aspectos, la ontología y la epistemología del tiempo y del espacio, se pregunta, por ejemplo, si tiempo y espacio pueden existir en forma independiente de la mente humana, o si uno es realmente independiente del otro. Además, claro, de interrogarse acerca de si existe otro tiempo diferente del que percibimos.

Ya hacia el año 500 antes de Cristo, Heráclito de Éfeso hablaba del devenir, del cambio permanente como elemento central del universo. Poco quedó de su obra, pero Diógenes Laercio le atribuye un libro, *Sobre la naturaleza*, dividido en tres secciones de las cuales una, la primera, es la cosmológica.

Heráclito consideraba que todo ese fluir, ese devenir que dominaba al universo, estaba regido por una ley a la que el filósofo llamaba *"logos"* (que significa sentido, pensamiento, razonamiento, etcétera) porque, obviamente, descreía de lo visible, de lo manifiesto.

Aristóteles, en su *Metafísica*, interrogándose en torno a la naturaleza de tiempo, creía que, en la medida en que existen el "antes" y el "después", existe el tiempo; sin tiempo, no podría haber ni antes ni después, afirmaba el brillante discípulo de Platón.

Y también antes de Cristo, allá por mediados del 400, existió un filósofo a quien los científicos modernos tienen mucho que agradecerle. Creó el pensamiento infinitesimal (que muchos años más tarde derivaría en el cálculo infinitesimal), se llamó Zenón de Elea, y descreía de la existencia del tiempo y del espacio.

Zenón procuraba sostener cada una de sus afirmaciones recurriendo al uso de las paradojas (recurso que habrían de rescatar los físicos teóricos modernos). Así, problematizó la cuestión del movimiento, el tiempo y el espacio con la famosa paradoja de Aquiles y la tortuga, en la que concluye que aquella ventaja inicial que Aquiles le otorgó a la tortuga terminará siendo indescontable para el guerrero aqueo.

Muchos años después de Zenón, san Agustín pronunció aquella frase que quedaría para siempre asociada a lo que el filósofo pensaba acerca de la naturaleza del tiempo:

"¿Qué es el tiempo? Si nadie me lo pregunta, lo sé. Pero, si quisiera explicarlo a quien me lo pregunta, no lo sé".

Para Agustín, el tiempo es, simplemente, la capacidad de pasar de un pasado que ya no existe a un presente que consiste en pasar a ese futuro que todavía no es.

Ya en el siglo XIX, Friedrich Wilhelm Joseph von Schelling, uno de los más grandes exponentes del idealismo alemán, en su obra *Las edades del mundo*, aborda la cuestión del tiempo antes de que apareciera el mundo: el tiempo premundano.

Su trabajo, basado fundamentalmente en el Antiguo Testamento, único material del que –cree Schelling– puede valerse, lo conduce a postular que el único pasado posible es aquel en que el mundo aún no existía, y el único futuro verdadero es el tiempo en el que el mundo haya desaparecido.

Nietzsche y el eterno retorno

Así como Zenón de Citio, en el 300 antes de Cristo, afirmaba que lo que existía era un "eterno retorno", o sea una historia circular según la cual el mundo se extingue para volver a crearse, también Friedrich Nietzsche, a fines del siglo XIX, sostenía que tanto los hechos como los pensamientos y las ideas de un hombre se repiten interminablemente una y otra vez. Dice Nietzsche:

"¿Qué ocurriría si, un día o una noche, un demonio se deslizara furtivamente en la más solitaria de tus soledades y te dijese 'Esta vida, como tú ahora la vives y la has vivido, deberás vivirla aún otra vez e innumerables veces, y no habrá en ella nunca nada nuevo, sino que cada dolor y cada placer, y cada pensamiento y cada suspiro, y cada cosa indeciblemente pequeña y grande de tu vida deberá retornar a ti, y todas en la misma secuencia y sucesión –y así también esta araña y esta luz de luna entre las ramas y así también este instante y yo mismo'? ¡La eterna clepsidra de la existencia se invierte siempre de nuevo y tú con ella, granito del polvo! ¿No te arrojarías al suelo, rechinando los dientes y maldiciendo al demonio que te ha hablado de esta forma?"

Con ese estilo siempre provocador e irreverente, en *La gaya ciencia*, Nietzsche se anticipa a teorías tales como la de los universos paralelos, o a agujeros de gusanos dotados de ese túnel por el cual se puede ir y venir en el tiempo…

Si Friedrich Nietzsche dio una vuelta de tuerca sobre lo que ya planteaban los filósofos estoicos, con Zenón de Citio a la cabeza, podría decirse que Albert Einstein puso en términos matemáticos y físicos el camino que, entre el siglo XVII y el XVIII, ya había emprendido Gottfried Leibniz, quien, dicho sea de paso, puso en términos matemáticos el pensamiento infinitesimal de Zenón de Elea, al desarrollar el cálculo infinitesimal.

Leibniz aseguró que las "mónadas", algo así como los átomos en el terreno de la física, eran el elemento último y esencial del universo. No podían descomponerse, eran eternas, individuales y sujetas a sus propias leyes. Pero Leibniz iría más allá. En contraposición con los absolutistas, el filósofo alemán (que, además, era matemático, jurista y político) llevó a cabo la primera aproximación conceptual a lo que luego Einstein demostraría con su teoría de la relatividad. Afirmó que tanto el espacio como la materia y el movimiento eran relativos, fenoménicos.

Su obra cumbre, la *Monadología*, se publicó en 1714, poco tiempo antes de la muerte del filósofo, y fue un verdadero revulsivo para las escuelas filosóficas de la época.

Leibniz y el tiempo relativo

Gustavo Bueno, uno de los hombres que más ha estudiado a Leibniz, fue el encargado de escribir la introducción de la *Monadología* que publicó ediciones Pentalfa en 1981. Allí dice:

"La *Monadología* es la obra madura de Leibniz (1646-1716), en la cual queda expuesta, en brevísima síntesis, su concepción global del universo, la concepción de uno de los más geniales pensadores de todos los tiempos. En la *Monadología* resuenan todos los motivos que Leibniz ha tocado a lo largo de su riquísima vida intelectual –Leibniz es el inventor de la primera máquina analógica de calcular, pero también promotor de la unión de las Iglesias, es el creador del cálculo infinitesimal, pero también uno de los pioneros de la lógica simbólica, economista y teólogo, diplomático...–".

Bueno se ocupa de hacer justicia con este genio, nacido en Leipzig, que les regaló a los matemáticos el cálculo infinitesimal, pero poco dice, hasta allí, de la formulación en sí misma.

Leamos a Bueno acerca de la obra en sí misma:

"La concepción monadológica del Mundo antecede y sucede a Leibniz: Leibniz es quien la ha *formulado* de un modo característico y, por así decirlo, clásico. Por esto, la *Monadología* se convierte en la exposición de uno de los grandes paradigmas, tanto de la concepción del mundo como de la propia investigación científica de los más diversos campos (biológicos, físicos, económicos, lingüísticos)".

Más allá de las múltiples interpretaciones que se han hecho de la obra de Leibniz, es el propio filósofo nacido en Leipzig quien mejor sintetiza su pensamiento y se muestra como el precursor de la relatividad que habrá de formular Einstein casi cien años más tarde.
En su polémica con el inglés Samuel Clarke, acérrimo defensor del absolutismo de Newton, Leibniz afirma:

"En cuanto a mí, he señalado más de una vez que consideraba el espacio como una cosa puramente relativa, al igual que el tiempo; como un orden de coexistencias, mientras que el tiempo es un orden de sucesiones. Pues el espacio señala en términos de posibilidad un orden de las cosas que existen al mismo tiempo, en tanto que existen conjuntamente, sin entrar en sus peculiares maneras de existir; y en cuanto vemos varias cosas juntas, nos damos cuenta de este orden de cosas entre ellas".

Capítulo 6
Los increíbles hallazgos del Hubble

> "¿Quién se atreverá a poner límites
> al ingenio de los hombres?"
> Galileo Galilei

Volvamos a Galileo Galilei. Él fue uno de los primeros en comprender que el mejor camino para entender el universo era mejorando y perfeccionando las herramientas con las que se lo pudiera observar mejor y más de cerca. Se trataba, claro, de diseñar telescopios cada vez más poderosos y precisos.

Sin embargo, en un determinado momento, astrónomos y físicos de distintas procedencia advirtieron que, mientras el telescopio estuviese en tierra, las posibilidades de poder observar los lugares más lejanos y recónditos del universo serían prácticamente nulas.

Se comenzó a pensar, entonces, en construir telescopios que pudiesen observar al universo desde el espacio mismo.

Telescopios espaciales

Corot es el nombre de uno de los telescopios que fue lanzado al espacio, y fueron científicos franceses quienes lo construyeron. En una órbita circular a 896 kilómetros de altura, el telescopio, de 27 centímetros de diámetro, fue el que permitió que los científicos de todo el mundo pudiesen ver por primera vez planetas extrasolares, o sea, ubicados en otros sistemas solares. Algo que, si bien se presumía, jamás había podido ser visto.

CoRoT fue, en realidad, una misión espacial denominada de esa forma como acrónimo de COnvención, ROtación y Tránsitos planetarios. Producido por la Agencia Espacial Francesa (CNES), en colaboración con la Agencia Espacial Europea, el telescopio fue lanzado al espacio el 27 de diciembre del 2006, con el objetivo de localizar planetas extrasolares de un tamaño similar a la Tierra.

En el 2012, el Instituto de Astrofísica de Andalucía informaba en relación con la misión Corot:

"Desde su lanzamiento el 27 de diciembre de 2006, el programa de astrosismología está realizando observaciones de larga duración de estrellas individuales para caracterizar sus oscilaciones. En el programa 'central', se estudian algunas estrellas de tipo solar con mucho detalle al ser observadas durante 5 meses seguidos. Además desarrolla un programa exploratorio, en el cual se observan durante períodos más cortos (unos 20 días) algunas estrellas interesantes. En relación con el programa de los planetas extrasolares, CoRoT está destinado a detectar planetas cuando pasan delante de su estrella central causando una bajada observable en el brillo de la estrella. CoRoT está detectando los planetas significativamente más pequeños conocidos hasta ahora".

El informe del Instituto de Astrofísica de Andalucía tenía su razón de ser en el hecho de que España, a través de la Agencia Espacial Europea, había tenido cierta participación en dicha misión espacial.

Hasta el 24 de marzo de 2013, en que se puso fin a la misión, y el telescopio fue bajado de la órbita, Corot descubrió 32 planetas extrasolares, si bien los científicos creen que existe evidencia de otros 100 planetas extrasolares. Además, Corot detectó tres estrellas lejanas con una sismología similar a la del Sol, aunque más calientes que éste.

Corot fue desactivado recién en 2013, pero lo cierto es que el proyecto preveía que el telescopio quedase fuera de servicio pasados los tres años de su lanzamiento, o sea, en 2009. Precisamente por eso, en marzo de 2009, la NASA puso en órbita un nuevo telescopio espacial, al que denominó Kepler, que tenía por misión, al igual que Corot, detectar planetas extrasolares.

En un informe para la Radio y Televisión Española, Javier Pedreira explica la técnica de Kepler para mandar información a la Tierra:

"Lanzado en marzo de 2009, el objetivo de Kepler era localizar planetas extrasolares, planetas en órbitas alrededor de otras estrellas. Para ello utiliza el llamado método de los tránsitos, que consiste en observar fijamente un conjunto de estrellas e intentar detectar el pequeñísimo bajón en la intensidad de luz que llega desde una estrella cuando un planeta pasa por delante de ella. Es, salvando todas las distancias, como cuando uno está tomando el Sol en la playa y alguien pasa por delante, sólo que en el caso del Kepler las distancias de años luz y la variación tan leve que se produce en el brillo que nos llega hace que sea necesario que permanezca inmóvil en el espacio".

Si bien, en 2013, Kepler sufrió desperfectos técnicos que hicieron presumir sería sacado de servicio, los científicos de la NASA lograron reparar los daños, y el telescopio siguió observando el universo.

Desde su puesta en órbita, Kepler ha estado monitoreando unas 150.000 estrellas, en busca de planetas que orbiten en torno a ellas, y halló unos 4.000 candidatos posibles.

Entre lo efectivamente comprobable, encontró otros 8 planetas, y agregó 554 candidatos a posibles planetas, con un detalle realmente significativo: 6 de esos potenciales planetas tendrían un tamaño parecido al de la Tierra y orbitarían en lo que los científicos denominan "zona habitable", o sea, en torno a estrellas similares al Sol y a una distancia parecida a la que orbita la Tierra alrededor del Sol.

Lee Billings escribe para *Scientific American*:

"Tras cinco años de búsqueda, los investigadores que utilizan los datos de la nave espacial Kepler de la NASA –una cazadora de exoplanetas– han descubierto lo que parecen ser dos de los mundos más parecidos a la Tierra hallados hasta ahora. Bautizado Kepler-438b y Kepler-442b, ambos planetas parecen ser rocosos y sus órbitas están en zonas –no muy calientes, ni muy frías– habitables de sus estrellas, donde puede existir agua líquida en abundancia […]. Kepler-438b es sólo 12 por ciento más grande que la Tierra y recibe un 40 por ciento más de luz de su estrella; Kepler-442b es un 30 por ciento más grande y recibe un 30 por ciento menos de luz".

Al ser rocosos, orbitar a una distancia parecida a la que orbita la Tierra alrededor del Sol, y tener una dimensión parecida a nuestro planeta, podrían perfectamente ser habitables.

El gran Hubble

La historia de los telescopios espaciales lleva ya dos décadas y media, y gracias a ella el ser humano conoce hoy del universo mucho más de lo que pudo saber a lo largo de todos siglos en que se dedicó a mirar el cielo.

El primer gran telescopio lanzado al espacio, y que aún orbita la Tierra cada 97 minutos, a una velocidad de 28.000 kilómetros por hora, es el Hubble, llamado así en honor al astrónomo estadounidense Edwin Hubble. Nada más justo.

Hubble se había doctorado en Derecho en la Universidad de Oxford y, tras un año de ejercicio de la abogacía, abandonó la profesión e ingresó en la Universidad de Chicago para estudiar Astronomía y doctorarse en 1917. Fue el hombre que realizó uno de los hallazgos más trascendentes de la astronomía moderna.

Entre 1922 y 1924, se dedicó a estudiar con todo detenimiento un tipo particular de estrellas a las que se denomina cefeidas, y pudo comprobar la existencia de ciertas nebulosas fuera de la Vía Láctea, las que constituirían, según afirmó Hubble, nuevas galaxias.

El hallazgo del norteamericano nacido en Marshfield cambió radicalmente la idea que se tenía respecto de las dimensiones del universo, y abrió la puerta a la tarea de exploración extragaláctica.

Pero el trabajo de Edwin Hubble no terminó allí; tampoco, sus avances en el conocimiento del cosmos. El astrónomo estadounidense pudo demostrar que la extragalaxias se alejan de la Vía Láctea y que, cuanto más lejos están de ésta, más rápido se alejan de ella. Ambos hallazgos cambiaron la visión que hasta entonces se tenía del universo. Se supo que, contrariamente a lo que se pensaba, el universo no era estático, sino que estaba en permanente expansión, y a velocidades que el propio Hubble se encargó de determinar.

En 1961, dos años después de su muerte, se publicó el *Atlas Hubble de las galaxias*, un trabajo que recoge todas las observaciones hechas por el estadounidense a lo largo de tres décadas.

Por ello, nada más justo que bautizar al telescopio espacial con el apellido de Edwin Hubble.

El Hubble fue lanzado al espacio el 25 de abril de 1990, cuatro años más tarde de lo que se había previsto, debido al accidente que sufriera el transbordador *Challenger* en 1986.

Alicia Rivera detalló las características del súper telescopio en una crónica para el diario *El País* de España:

"El *Hubble* es un cilindro de aluminio de 13,2 metros de longitud y 4,2 de diámetro, con un espejo principal de 2,4 metros. Pesa 11 toneladas y está en órbita terrestre a 570 metros de altura (casi 200 más que la ISS), precisamente en una situación accesible para los transbordadores, dado que desde el principio el observatorio se concibió como una plataforma astronómica de larga duración que sería reparada y mejorada a lo largo de los años por los astronautas".

Si bien el observatorio estuvo en órbita en 1990, puede decirse que recién tres años más tarde los científicos pudieron contar con imágenes limpias, nítidas y confiables. Ocurrió a partir de que pudieron corregir defectos del espejo que distorsionaban las imágenes que el Hubble transmitía a la Tierra.

Hasta el 2015 (se calcula que el telescopio será desactivado entre 2016 y 2021), Hubble ha recorrido alrededor de la Tierra unos 3.000 millones de kilómetros, algo así como un viaje de ida y vuelta a Neptuno. Además, pese a la velocidad con la que orbita la Tierra, el telescopio puede apuntar a un cuerpo celeste con tal precisión que la máxima desviación que registra es del grosor de un cabello.

Por el momento, el Hubble ha podido observar el universo hasta una distancia de 10 billones de años luz, área que se conoce como *campo profundo del Hubble*. Pero también el ojo del observatorio se posa sobre los vecinos de la Tierra que giran alrededor del Sol.

Dice un trabajo publicado por el Miami Museum of Science & Planetarium:

"Los planetas del sistema solar se formaron hace mucho tiempo, pero los cambios que el Hubble observa en nuestros vecinos planetarios hoy día proveen indicios sobre sus comienzos. ¿Qué ve el Hubble? Las tormentas que barren a Marte. Un cometa chocar contra Júpiter. Las erupciones volcánicas que están transformando a Io, la luna de Júpiter. El sistema solar está lleno de actividad, y el Hubble lo está observando"

Más adelante, el trabajo da cuenta sobre una de las más valiosas informaciones suministradas por el enorme telescopio espacial, al menos en lo que respecta a nuestro sistema solar: la velocidad con que la luz alcanza cada uno de los integrantes del sistema.

"La luz viaja a 300.000 kilómetros por segundo. La luz del Sol demora alrededor de ocho minutos en llegar a la Tierra y alrededor de 5 horas para alcanzar Plutón. Una de las naves espaciales más rápidas, la sonda *Voyager 2*, tardó 12 años en llegar a Neptuno. Un rayo de luz cubre la misma distancia en sólo cuatro horas. La luz reflejada por Marte alcanza el Hubble en sólo minutos. Desde Júpiter, la luz tardaría alrededor de media hora en llegar. Desde Saturno, un poco más de una hora. Desde Plutón, alrededor de cinco horas".

Los Pilares de la Creación

El 25 de abril de 2015, el telescopio espacial Hubble cumplió 25 años en el espacio y, como dijo Jennifer Wiseman, científica del telescopio en la NASA al portal mexicano *Informador. mx*, "el Hubble cambió la forma como la humanidad mira el universo y ve su lugar en él". Y agregó más adelante:

"Este telescopio nos mostró que el cosmos ha cambiado en el curso del tiempo; que las estrellas producen todos los elementos necesarios para la vida y para la formación de los planetas".

En efecto, los fenómenos cósmicos que el telescopio ha detectado, y de los que ha enviado imágenes hacia a la Tierra, son verdaderamente numerosos, aunque sólo se contabilizaran aquellos que los científicos de la NASA ha dado a conocer.

Uno de los hallazgos más populares del Hubble ocurrió en lo que se conoce como "Nebulosa del Águila", o M-16, una masa de gases ubicada a 7.000 años-luz de la Tierra, que contiene, estimativamente, unas 460 estrellas, tiene una masa calculada en alrededor de 80 masas solares e ilumina un millón de veces más que el Sol.

En esta masa gaseosa –se sabía–, nacen y mueren estrellas de manera habitual; pero lo verdaderamente novedoso (y asombroso, por supuesto) fue que el Hubble captó el momento preciso en que dichos nacimientos y dichas muertes se producen.

Las imágenes captadas en ese momento muestran tres gigantes columnas formadas por gas interestelar y polvo, con formas de trompa de elefante, que se elevan al mismo tiempo en que en su seno nacen, brillando, nuevas estrellas.

La impresionante imagen, que luego se popularizaría al punto de ser utilizada en películas de ciencia-ficción, fue registrada por el telescopio el 1 de abril de 1995, y los atónitos científicos que la vieron por primera vez no dudaron en bautizar las tres gigantes columnas que se alzaban desde la nebulosa como los "Pilares de la Creación", algo así como las "columnas que generan vida".

Tras un posterior análisis, se supo que los "pilares" estaban formados por una mezcla de hidrógeno molecular frío y polvo, y que la columna de la izquierda medía unos cuatro años-luz de altura.

En un trabajo presentado por el portal de la NASA en castellano, *Ciencia@NASA*, Ángela Atadía de Borghetti describe los "pilares" a partir de nuevas tomas registradas por el Hubble:

"La imagen infrarroja muestra que los extremos de los pilares son densos nudos de polvo y gas. Hacen sombra al gas que se encuentra debajo de ellos, manteniéndolo así frío y creando las estructuras largas, con forma de columna. El material ubicado entre los pilares hace mucho tiempo fue evaporado por la radiación ionizante que proviene del cúmulo central de estrellas situado por encima de los pilares. En el borde superior del pilar izquierdo, un fragmento gaseoso ha sido calentado y vuela lejos de la estructura, subrayando de este modo la naturaleza violenta de las regiones donde se forman estrellas".

El trabajo preparado por la NASA concluye con una suposición que parece totalmente pertinente:

"Nuestro Sol probablemente se originó en una región de formación estelar turbulenta similar a ésta. Existe evidencia de que el sistema solar en formación fue salpicado con una metralla radiactiva de una supernova cercana. Eso significa que nuestro Sol se formó como parte de un cúmulo que incluyó a estrellas lo suficientemente masivas como para producir potentes radiaciones ionizantes, tal como se ve en la Nebulosa de Águila".

También en 1995, entre el 18 y el 28 de diciembre, la cámara del campo profundo (lo más lejano que ver el telescopio) del Hubble registró una región de una treintava millonésima parte del área del cielo, que contenía varios miles de galaxias, muchas de la cuales están entre las más lejanas y jóvenes que se conocen.

Tres años más tarde, la cámara volvió a tomar imágenes de otra región del cosmos; comparada con la anterior, los científicos comprobaron que ambas regiones eran muy similares, lo que permitió concluir que el universo es uniforme.

El entusiasmo de los científicos frente a estas imágenes, las conclusiones y los conocimientos que proporcionaban, los decidió a forzar la mirada del telescopio y llegar un poco más lejos.

Por fin, entre septiembre de 2003 y enero de 2004, con cámaras mucho más poderosas y durante once días, el Hubble mandó a la Tierra imágenes de lo que se denominó su *campo ultraprofundo*. La pequeña zona observada por el telescopio muestra unos diez mil puntos luminosos, cada uno de los cuales es una galaxia que alberga decena de miles de estrellas.

Pero lo más sobrecogedor de las imágenes enviadas por las cámaras del telescopio es que muchas de esas galaxias se formaron poco tiempo después de que naciera el universo. Expresado en números, muchas de esas galaxias tomaron forma cuando el universo tenía apenas 800 millones de años, lo que equivale a decir que datan de hace 13.000 millones de años y han dejado de existir hace ya mucho tiempo. La imagen, entonces, está mostrando el universo del pasado...

Un trabajo del portal *Espacio Profundo*, en 2012, comentó aquellas imágenes que dio a conocer la NASA del campo ultraprofundo (XDF, en sus siglas en inglés):

"Basta con echar un vistazo: magníficas galaxias espirales de forma similar a la Vía Láctea y la galaxia de Andrómeda, así como las grandes galaxias, borrosas, rojas y 'muertas' que ya no pueden crear nuevas estrellas. También parece estar salpicada por galaxias pequeñas y débiles, y sin embargo más distantes, que son como las plantas de un semillero de las cuales crecieron las magníficas galaxias actuales. La historia de las galaxias –desde poco después de que nacieron las primeras galaxias hasta las grandes galaxias de la actualidad– se presenta en esta notable imagen".

El campo ultraprofundo del Hubble, con las imágenes que va devolviendo, es, sin duda, la mejor comprobación de que los científicos llegarán algún día a retroceder tanto en el tiempo como para poder *ver* el Big Bang.

Agujeros negros

Si la espectacular imagen de los "Pilares de la Creación" y la luminosidad lejana de las primeras galaxias que formó el universo fueron hallazgos sumamente valiosos, acaso el que más impresionó a la comunidad científica ocurrió en 1994, cuando el Hubble detectó, en la galaxia M87, una masa equivalente a la de 3.000 soles, que sólo podía corresponder a un agujero negro supermasivo; ese fenómeno cósmico que Einstein había previsto en 1915, aunque sólo por vía de complejas ecuaciones matemáticas.

Desde luego, el hallazgo del Hubble no hizo más que encender la curiosidad científica respecto de la existencia de ese raro fenómeno conocido como agujero negro. Y, efectivamente, en 1996, se llegó a la conclusión de que todas las grandes galaxias tienen un agujero negro supermasivo en su núcleo.

Como ya explicamos, se conoce como "agujero negro" una región limitada del espacio en cuyo interior existe una concentración de masa que puede generar un campo gravitatorio tan poderoso que ninguna partícula, ni siquiera la luz, puede resistir su atracción.

Hasta el momento, los científicos han definido la existencia de tres tipos de agujeros negros: los supermasivos, los de masa estelar y los microagujeros negros.

Los primeros —que, como se ha dicho, habitarían en el núcleo de las grandes galaxias y serían los responsables del origen esférico de la galaxia— tienen una masa similar a la de varios millones de masas solares.

Los agujeros de masa estelar, como su nombre lo indica, se forman cuando una estrella convertida en supernova implosiona. Su núcleo se concentra en una cantidad de masa pequeña que paulatinamente se va reduciendo hasta desaparecer.

Los microagujeros negros aún son una presunción teórica. Más pequeños que los estelares, no generarían atracción gravitatoria significativa y podrían durar lapsos de tiempo muy pequeños.

Albert Einstein había postulado, en su teoría de la relatividad general, la existencia de los agujeros negros estelares. Acaso jamás le pasó por la mente la existencia de monstruosas bocas como las de los agujeros negros supermasivos, capaces de tragarse todo lo que ande cerca.

La mirada inquieta de los científicos no se detuvo desde que, en 1994, el Hubble detectó aquella gigantesca masa en la galaxia M87; y en 2008, la curiosidad volvió a tener su premio.

Así lo contó el periodista Andrés Eloy Martínez Rojas para el periódico *El Universal*, de México:

"El agujero negro más masivo en el universo fue descubierto, con una masa equivalente a 18 millones de soles [...].

El agujero negro es unas seis veces más masivo que el récord anteriormente registrado; de hecho, pesa tanto como una pequeña galaxia. Éste acecha a 3 mil 500 millones de años luz de distancia, en el corazón de un quásar llamado OJ287. Un quásar es un objeto muy brillante en el que la materia cae en espiral en un gigantesco agujero negro, emitiendo copiosas cantidades de radiación. Pero, en lugar de hospedar un solo colosal agujero negro, el quásar tiene dos, situación que ha permitido a los astrónomos calcular con precisión cuánto 'pesa' el más grande".

Un agujero muy cercano...

Un año después de que Einstein publicara su teoría de la relatividad general, un astrónomo alemán, Karl Schwarzschild, se interesó profundamente por la hipótesis de los agujeros negros y comenzó a estudiar profundamente la cuestión. De hecho, el concepto de "agujero negro" es, en realidad, patrimonio de Schwarzschild.

El astrónomo alemán postuló que esta suerte de campo celeste está rodeado por una frontera esférica, más allá de la cual nada puede escapar a la atracción gravitacional de este fenómeno cósmico.

Schwarzschild llamó a esta frontera "horizonte de sucesos", ya que el único suceso que puede ocurrir, una vez traspasada la frontera, es caer indefinidamente en ese agujero, que es *negro* porque ni siquiera la luz, con su velocidad de 300.000 kilómetros por segundo, puede escapar de su fuerza gravitacional.

Y, si hasta el año 2015 los científicos ubicaban los agujeros negros fuera de la Vía Láctea, el miércoles 15 de junio los telescopios devolvieron imágenes sobrecogedoras.

Nuño Domínguez, periodista del diario *El País*, de España, dice:

"Uno de los agujeros negros más cercanos a la Tierra ha vuelto a la vida con una violencia inusitada tras más de 25 años de inactividad. Este monstruo de la Vía Láctea está produciendo potentes brotes de luz a medida que devora parte de la estrella que lo acompaña. El fenómeno es uno de los más extremos que se han podido observar nunca y está ocasionando un enorme revuelo entre astrónomos profesionales y aficionados".

Más adelante, Domínguez cita a Erik Kuulkers, jefe del telescopio espacial Integral de la Agencia Espacial Europea:

"Este agujero se ha convertido ya en la fuente de rayos X más potente que se pueda observar en el cielo y, si no fuera por la contaminación del polvo que hay entre nosotros, se podría observar desde la Tierra a simple vista".

V404 Cygni es el nombre de este sistema binario compuesto por un agujero negro del tamaño de 12 veces la masa solar, y una estrella que lo orbita, apenas más pequeña que el Sol, apunta el periodista.

El sistema se encuentra a una distancia de la Tierra de 8.000 años-luz, lo que lo convierte en el agujero negro más próximo al planeta Tierra, y tiene además la particularidad de haber "regresado" a la vida.

La nebulosa de Orión, incubadora de estrellas

A unos 1.500 años-luz de distancia de la Tierra, se halla una de las nebulosas más brillantes que existen y que se pueden ver a simple vista desde la Tierra. Es la nebulosa Orión, una de las regiones celestes hacia adonde apuntó su ojo inquisidor el telescopio espacial Hubble.

No fue en vano. Allí, Hubble descubrió algunos discos protoplanetarios, alrededor de jóvenes estrellas: algo así como huevos que albergan sistemas planetarios en formación. Hubble, entonces, pudo ayudar a los científicos a entender cómo se forman los planetas.

Los discos protoplanetarios son estructuras materiales constituidas por gas, polvo y objetos rocosos que se forman alrededor de una estrella. Pasado un tiempo, el centro del disco se calienta, emerge una nueva estrella, y los restos de polvo y roca atraen a otros restos, y allí nace un nuevo sistema planetario.

Un excelente artículo del diario *ABC* de España explica el proceso:

"Cuando las estrellas recién nacidas emergen de la mezcla de gas y polvo, los discos protoplanetarios, también conocidos como proplidos, se forman alrededor de ellas. El centro del disco giratorio se calienta y se convierte en una nueva estrella, pero los restos que quedaron en el exterior del disco atraen a otros trozos de polvo, que quedan agrupados. Ahí empieza todo. De esta forma, se produce el 'parto' galáctico de los sistemas planetarios".

Las imágenes que devolvió el Hubble, empero, permitieron a los científicos ir más allá, y extraer nueva y valiosa información de lo que ocurría en esa nebulosa "guardería de estrellas".

Volvamos al artículo del *ABC*:

"Los investigadores han identificado dos tipos diferentes de discos alrededor de las jóvenes estrellas. Los que se encuentran alrededor de la estrella más brillante del grupo (Theta 1Orionis C) y los más alejados de ella. Los primeros son realmente luminosos, mientras los segundos, que no reciben suficiente radiación energética de la estrella para calentar el gas, sólo pueden ser detectados como siluetas oscuras contra el fondo de la nebulosa brillante. Gracias a estas siluetas, los científicos están en mejores condiciones de conocer las propiedades de los granos de polvo que se cree pueden unir y formar planetas como la Tierra".

Pero la nebulosa Orión dejó mucha más tela para cortar. Un equipo de investigadores canadienses y norteamericanos, valiéndose del ALMA (Atacama Large Millimeter/submillimeter Array), un interferómetro revolucionario de 66 antenas o reflectores capaces de observar longitudes de onda milimétricas y submilimétricas, descubrió que las protoestrellas que se encuentran en un radio de hasta 0,1 años-luz de una estrella de tipo O (altamente luminosas) perderán su núcleo de polvo y gas en unos pocos millones de años, un plazo demasiado corto para que pueden alumbrar de ella nuevos planetas.

En un trabajo publicado, precisamente, por el portal de ALMA, la astróloga canadiense Rita Mann explica el letal fenómeno:

"Las estrellas de tipo O, verdaderos monstruos si se comparan con nuestro Sol, emiten enormes cantidades de radiación ultravioleta que pueden causar grandes estragos durante el desarrollo de sistemas planetarios jóvenes. Con ALMA observamos decenas de estrellas embrionarias con potencial de formación planetaria y, por primera vez, vimos claros indicios de discos protoplanetarios que simplemente se esfumaban ante el brillo intenso de una estrella masiva cercana".

Así, la nebulosa de Orión ha demostrado ser, tal cual dice el trabajo presente, "una verdadera incubadora" de estrellas. De alguna incubadora semejante debió haber nacido el Sol, y también a partir de allí tuvo que haberse formado nuestro sistema planetario.

Además, el Hubble probó que estas estrellas masivas, que pueden destruir con su brillo intenso sistemas planetarios en formación, también, en última instancia, los favorecen:

"Al llegar al fin de sus vidas, las estrellas masivas explotan y se convierten en supernovas, un fenómeno que siembra el área circundante con polvo y elementos pesados que terminan incorporándose a la siguiente generación de estrellas. Estas explosiones también proporcionan el impulso necesario para dar inicio a una nueva ronda de formación de estrellas y planetas"

Otro de los investigadores participantes en el trabajo de ALMA, James Di Francesco, apunta que estas estrellas masivas son más calientes y cientos de veces más luminosas que el Sol. Por eso, sus fotones energéticos pueden calentar rápidamente el gas de un disco protoplanetario hasta destruirlo por completo.

¿Planetas habitables?

Para la comunidad científica en particular, y para los seres humanos en general, el interrogante acerca de la existencia de vida en otras regiones del universo nunca dejó de ser una pregunta imperiosa.

En 2007, entre tantas respuestas que dio el Hubble en sus 25 años en el cosmos, detectó una molécula orgánica en la atmósfera de un planeta que habita otra galaxia.

El exoplaneta, del tamaño de Júpiter, fue bautizado por los astrónomos HD 189733b. La molécula que reconoció el Hubble es de metano, un hidrocarburo que, en determinadas circunstancias, juega un rol muy importante en la cadena de reacciones químicas que producen la vida.

El portal dedicado a reproducir noticias sobre avances científicos en astronomía *De Revolutionibus* informó, poco después del hallazgo del telescopio espacial:

"El planeta está localizado a 63 años luz de distancia, en la constelación Vulpecula. Se trata de un planeta tipo 'Júpiter caliente', tan cercano a su estrella que sólo necesita uno o dos días para completar una órbita. Este tipo de planetas son del tamaño de Júpiter pero orbitan mucho más cerca de sus estrellas que Mercurio en nuestro sistema solar. La atmósfera de HD 189733b se está asando a unos 900 grados Celsius, casi la misma temperatura que el punto de fusión de la plata".

El informe de *De Revolutionibus* aclara, además, que el hallazgo se realizó luego de extensas observaciones con la cámara NICMOS, de Hubble, que también confirmó la existencia de moléculas de agua en la atmósfera del planeta.

Obviamente, la existencia de moléculas de metano, y también de agua, hablaría de la posibilidad de que la vida pudiera desarrollarse, claro que no en las condiciones de temperatura que presenta HD 189733b.

"El objetivo final es poder aplicar la espectrocopía para identificar moléculas prebióticas en atmósferas de planetas que se encuentren en las zonas habitables alrededor de otras estrellas, donde las temperaturas son las adecuadas para que el agua permanezca líquida y no congelada o que se evapore".

Siete años más tarde, el telescopio envió otra novedad a la Tierra; esta vez, dentro de nuestro propio sistema solar. En Europa, una de las principales lunas de Júpiter, Hubble detectó vapor de agua que emanaba desde la superficie cubierta de hielo de esa luna.

Javier Flores, periodista de la revista *Muy Interesante*, entrevistó al principal científico encargado de analizar los datos que enviaba Hubble, Lorenz Roth, y lo consultó acerca de cómo es posible que, si Europa está cubierta por una gruesa capa de hielo, pueda expulsar vapor de agua. Dijo Roth:

"La fuente de energía que produce estas plumas es probablemente la fuerza de la marea, que abre y cierra fracturas en la superficie. Cuando Europa está en el apocentro, las grietas están abiertas".

Y agregó más adelante el científico:

"El descubrimiento de que el vapor de agua es expulsado cerca del polo sur refuerza la opción de Europa como el principal candidato para albergar vida".

Júpiter, empero, tenía más sorpresas para dar a través del más famoso telescopio espacial. En 2015, mientras se observaban las auroras de Ganímedes, la mayor luna de Júpiter y del sistema solar, Hubble descubrió que el enorme satélite alberga un gran océano subterráneo que contiene más cantidad de agua líquida que la existente en la Tierra.

La posibilidad de que este gigantesco satélite, del tamaño de Mercurio, albergase un gran océano bajo su superficie era una hipótesis que manejaban los científicos desde hace unas tres décadas. Pero el telescopio les ofreció no sólo la certeza, sino también las dimensiones de ese mar subterráneo.

El océano de agua salada de Ganímedes tiene unos 100 kilómetros de profundidad y se halla bajo una capa de hielo de 150 kilómetros de espesor.

La existencia de semejante cantidad de agua líquida permite suponer que un planeta (en este caso, el satélite de un planeta) estaría en condiciones de albergar vida tal cual se la conoce en la Tierra. Lo cual, claro, no quiere decir que efectivamente exista.

Desde hace años, y con el impulso de estos hallazgos, los científicos se han dedicado a estudiar lo que llaman "zona de habitabilidad estelar". Esta definición corresponde a planetas que orbitan una estrella a una distancia tal que la luminosidad y la radiación que emite esa estrella permitan que el planeta disponga de agua líquida, soporte una determinada presión atmosférica, y toda una serie de parámetros que los científicos ya han definido como necesarios para que sea habitable, al menos por el tipo de vida conocido en la Tierra.

En enero de 2015, la misión Kepler, destinada a la búsqueda de nuevos planetas, informó que había dado con ocho nuevos planetas ubicados en zona habitable del universo, y que dos de esos ocho son los más parecidos a la Tierra que se han hallado hasta el momento.

Recordemos lo que ya consignamos en su momento, con palabras de Lee Billings. Los dos planetas que mayor expectativa han creado entre los científicos son el Kepler-438b, ubicado a 470 años luz, y el Kepler-442b, situado a una distancia de 1.100 millones de años de la Tierra.

Las observaciones registradas hasta el momento dan cuenta de que Kepler-438b es un 12% más grande que la Tierra, y existe un 70% de posibilidades de que sea rocoso (uno de los parámetros necesarios para que exista vida); además, tiene un índice de similitud a la Tierra del 88%. El Kepler-442b, en tanto, es un 30% más grande que la Tierra, y la posibilidad de que sea rocoso es de tres a cinco; su índice de similitud con nuestro planeta es del 84%.

Sin embargo, la búsqueda de planetas habitables, o de zonas de habitabilidad estelar en el universo, no ha mermado las intenciones de los científicos de "operar" sobre los planetas de nuestro sistema solar para volverlos habitables.

Esto se conoce como "terraformación de los planetas" y sería el proceso aplicado a los cuerpos celestes de nuestro sistema solar con el objeto de alterar su temperatura, su atmósfera, su topología, etc., a fin de convertirlos en habitables para el ser humano.

De momento, y aunque aún no se ha intentado el proceso en ninguno de los planetas de nuestro sistema solar, se cree que Marte, y en menor medida Venus, podrían ser los que más posibilidades de terraformación ofrecerían.

Capítulo 7
La partícula que faltaba

> "El mejor científico está abierto a la experiencia,
> y ésta empieza con un romance,
> es decir, la idea de que todo es posible".
>
> Ray Bradbury

Peter Higgs nació en Newcastle, Inglaterra, el 29 de mayo de 1929. Hijo de un ingeniero de sonido de la BBC, el trabajo de su padre y el asma que sufría el pequeño Peter, hicieron que la familia debiese cambiar el lugar de residencia con mucha frecuencia; lo que, sin dudas, afectó el normal desarrollo de su instrucción primaria.

Apenas entrado en la adolescencia, Higgs se inscribió en la Escuela de Gramática de Bristol, y allí tuvo como compañero nada menos que a Paul Dirac, quien sería luego el padre de la física cuántica.

Impresionado por los trabajos de Dirac, Higgs, teniendo ya 17 años, abandonó la Escuela de Gramática e ingresó a la City of London School, en donde se abocó al estudio de una de las ciencias que más lo apasionaban: las matemáticas.

Aparece el bosón

Desde aquella radical opción, la carrera de Higgs no tuvo pausa. Se graduó en Física en el King's College de Londres, con las mejores calificaciones, y luego de un posgrado y un doctorado, comenzó su carrera docente en Edimburgo y en Londres.

En 1964, siendo ya el titular de la cátedra de Física Teórica en la Universidad de Edimburgo, Higgs comenzó a juguetear con una idea que se le volvería obsesión a lo largo de su vida: en el comienzo del universo, las partículas no tenían masa, concluyó.

El físico británico elaboró la teoría de que las partículas que aparecieron cuando el universo se creó recién adquirieron masa una fracción de segundo después de aparecer, como resultado de la interactuación de un campo cuántico.

No era simple lo que postulaba Higgs, si bien no era el único en hacerlo. François Englert y Robert Brout pensaban lo mismo. Ese año, 1964, los tres firmaron un artículo donde exponían la cuestión. Muchos años después, León Max Lederman, físico y docente norteamericano que ganaría el premio Nobel de Física en 1988, explicó para los profanos de qué se trataba aquella partícula esencial, a la que se le puso el nombre de "bosón":

"La materia que vemos hoy a nuestro alrededor es compleja. Hay unos cien átomos químicos. Se puede calcular el número de combinaciones útiles de los átomos, y es enorme: miles y miles de millones. La naturaleza emplea estas combinaciones, las moléculas, para construir los planetas, los soles [...]. No siempre fue así. Durante los primeros momentos tras la creación del universo en el Big Bang, no había la materia compleja que hoy conocemos. No había núcleos, ni átomos, no había nada que estuviese hecho de piezas más pequeñas [...]. Quizás no había, junto a las leyes de la física, más que un solo tipo de partícula y una sola fuerza –o incluso una partícula-fuerza unificada–. Dentro de este ente primordial se encerraban las semillas del mundo".

Esa partícula esencial, más que partícula, era fuerza porque estaba dentro del vacío que era el universo antes del principio. Vacío en el que, como dice Lederman, no había tiempo ni espacio ni materia ni luz ni sonido. Había, sí, esa partícula invisible que, según pensaba Higgs, sería el detonador del universo que se gestaría luego.

Al definir esta partícula esencial, o bosón, Higgs decía que no tiene espín (propiedad física de una partícula que se refiere al momento angular intrínseco) ni carga eléctrica ni color. Es sumamente inestable y se desintegra casi de inmediato; puede durar un zeptosegundo (miltrillonésima parte de un segundo).

Con esta postulación, tanto Higgs como Englert y Brout pretendían contestar un interrogante que se hacían los científicos respecto del comienzo del universo: ¿cuál era el origen de la masa como ineludible propiedad de la materia? Higgs contestaba: es el bosón el que produce la masa, al interactuar con un campo cuántico (un campo electromagnético, por ejemplo).

En suma, entre toda esa gran cantidad de energía concentrada de la que habla la teoría del Big Bang, estaban los bosones, y eran éstos los responsables de la aparición de la masa.

En realidad, los bosones no "estaban", *aparecían* en el momento en el que, en dicho campo cuántico, se producían perturbaciones. Duraban apenas un zeptosegundo y, durante esa microscópica cantidad de tiempo, creaban la masa.

El campo de Higgs

Pablo García Abia es un *periodista* especializado en ciencia del diario El País de España. En 2012, cuando el colisionador de hadrones comprobó de manera efectiva la existencia del bosón, García Abia hizo un valorable esfuerzo por acercar a los lectores del periódico conceptos tan áridos para el común de la gente.

Comienza el autor por explicar, para profanos, el concepto de masa:

"Los objetos macroscópicos (los que podemos ver a simple vista) están hechos de materiales compuestos de moléculas. Éstas no son sino conjuntos de átomos, estructuras formadas por ínfimas partículas elementales que interactúan gracias a su carga eléctrica".

Por lo cual —expone el periodista— la masa de todo lo que nos rodea es la suma de las masas de esas partículas pequeñas e invisibles de las que están hechas las cosas, incluido el ser humano.
Sin embargo, en la medida en que no todas esas partículas tienen la misma masa, se supone que la diferencia radica en que las distintas partículas tienen inercias diferentes unas de otras.
Sigamos leyendo a García Abia:

"Una hipótesis razonable para este mecanismo [el de las inercias diferentes] es suponer que existe un 'campo' que permea todo el espacio (el universo) con el que interaccionan casi todas las partículas elementales. Aquellas partículas que experimenten una interacción intensa con este campo serán partículas muy masivas, mientras que las que lo hagan levemente serán ligeras".

Claro que también existen partículas que no interactúan para nada con dicho campo, por lo que carecen de masa, como los fotones, por ejemplo, que son las partículas de luz; éstas pueden moverse libremente a la velocidad de la luz, afirma el autor.

"Estamos hablando del campo de Higgs. Si visualizamos este campo como una gelatina que, de forma apenas perceptible, ocupa todo el espacio, podemos interpretar la inercia como la interacción de las partículas elementales con esta 'sustancia'".

Ese campo descripto por el articulista es virtualmente indetectable; pero, postulaba Higgs, si se lo agita con una gran fuerza, se producirán perturbaciones que sí serán detectables. A esas perturbaciones se las conoce como partículas o bosones de Higgs.

En 1964, cuando la revista *Physical Review Letters* publicó el artículo en que Peter Higgs explicaba su teoría, muchos físicos teóricos se sintieron atraídos por esta novedosa forma de explicar el origen de la masa; pero, claro, no había forma de probar experimentalmente lo que afirmaba el científico de Newcastle. Hasta ese momento.

En el origen, la asimetría

En rigor de verdad, tampoco la idea de Higgs era absolutamente original. Cuatro años antes, Yoichiro Nambu, un físico estadounidense nacido en Japón, ya se había acercado a conclusiones parecidas a las que llegó Higgs. Claro que este último les dio forma definitiva.

Yoichiro Nambu compartió, en 2008, el premio Nobel de Física con sus colegas Makoto Kobayashi y Toshihide Maskawa. Conocidos los ganadores, el periódico *La Jornada*, de México, publicó una de las crónicas más explicativas y bellas a propósito de las razones por las cuales el jurado premió a los tres científicos que alcanzaron semejantes conclusiones.

Dice *La Jornada*:

"El premio Nobel de Física 2008 fue otorgado por una explicación fundamental sobre la existencia de la humanidad: si las leyes de la naturaleza fueran perfectamente simétricas, no habría seres humanos, no habría Tierra, no habría estrellas. En realidad, el Universo carecería de materia. La materia y la antimateria se hubiesen anulado mutuamente después de la explosión inicial, el Big Bang. Por la investigación de las rupturas de simetría de la naturaleza, que entre otros permitieron la 'supervivencia' de un pequeño sobrante de materia, el físico estadounidense Yoichiro Nambu comparte con sus colegas japoneses Makoto Kobayashi y Toshihide Maskawa el mayor premio de su disciplina".

Más adelante, el periódico mexicano se introduce en las razones esgrimidas por el jurado para explicar la decisión de premiar a los tres físicos:

"Un ruptura de simetría semejante hizo posible que tras el Big Bang sobrara una única partícula de materia por cada 10 mil millones de partículas de antimateria. 'Este sobrante de materia fue la siembra de todo nuestro universo, que se llenó de galaxias, estrellas y planetas, y por último de vida'. Con estas palabras explicó hoy el Comité Nobel en Estocolmo la importancia fundamental de los trabajos premiados".

Yoichiro Nambu fue, en los hechos, quien primero formuló la hipótesis de la ruptura espontánea de la simetría. Kobayashi y Maskawa fueron cerrando las grietas que había dejado el trabajo inicial del primero.

Lo que, en cambio, no pudieron contestar fue: ¿por qué, luego del Big Bang, "sobró" algo de materia, cuando eso no debía haber ocurrido?

Ellos y el resto de la humanidad deberían esperar a que el gran colisionador de hadrones lo explicara.

El gran colisionador

En 1994, tres décadas después de que apareciera aquel artículo de Higgs en la *Physical Review*, los directores de la Organización Europea para la Investigación Nuclear (se la sigue denominando CERN por su antiguo nombre en francés: Conseil Européen pour la Recherche Nucléaire) comenzaron a pensar seriamente en fabricar un aparato capaz de acelerar partículas hasta casi la velocidad de luz, y probar si, en efecto, aparecía el legendario bosón creador de masa.

Un año más tarde, luego de haber analizado toda una serie de proyectos que fueron presentados, se aprobó la construcción del gran colisionador de hadrones (*Large Hadron Collider*, en inglés; por eso se lo conoce como LHC), con un presupuesto inicial de 2.600 millones de francos suizos (1.700 millones de euros) para su construcción y 210 millones de francos suizos (140 millones de euros) destinados a experimentación.

Se dispuso que la enorme máquina, enterrada en Ginebra, en la frontera entre Suiza y Francia, aprovechase el túnel de 27 kilómetros de diámetro cavado a 100 metros bajo tierra, para que se instalara allí el gran colisionador de electrones y positrones construido en 1989 y desmantelado en 1995, porque no había obtenido todos los resultados esperados.

El nuevo acelerador, cuya construcción demandó unos ocho años, tenía por objetivo hacer chocar entre sí protones que viajan casi a la velocidad de la luz y en sentido inverso unos a otros. El impacto se produce en sitios predeterminados, en los que han sido montados grandes sensores que registran qué clase de partículas surgen del impacto.

La gigantesca máquina fue equipada con 1.232 imanes que hacen girar los haces de partículas a una velocidad cercana a la de la luz, dentro de tubos que deben refrigerarse a −270 grados centígrados, o sea 0 grados Kelvin), porque la colisión genera temperaturas 100.000 veces más altas que las que existen en el interior del Sol.

La siguiente cuestión, que avanzó poco a poco, fue el monto de energía alcanzado. El LHC, diseñado para llegar a los 14 TeV (electrovoltios), comenzó alcanzando en 2010 7 TeV, y recién 5 años más tarde llegó al nivel para el que había sido diseñado. Antes que el gran acelerador de partículas se pusiera en marcha, un artículo en el sitio *Biblioteca Pléyades* (www.bibliotecapleyades.net) explicaba su funcionamiento:

"Estas enormes máquinas aceleran partículas cargadas (iones) mediante campos electromagnéticos, en un tubo hueco en el que se ha hecho el vacío, y finalmente hacen colisionar cada ion con un blanco estacionario u otra partícula en movimiento. Los científicos analizan los resultados de las colisiones e intentan determinar las interacciones que rigen en el mundo subatómico. (Generalmente, el punto de colisión está situado en una cámara de burbujas, un dispositivo que permite observar las trayectorias de partículas ionizantes como líneas de minúsculas burbujas en una cámara llena de líquido). Las trayectorias de las partículas aceleradas pueden ser rectas, espirales o circulares. Tanto el ciclotrón como el sincrotrón utilizan un campo magnético para controlar las trayectorias de las partículas".

Luego, el trabajo se dedica a profundizar sobre los objetivos que tienen los científicos al producir esta enorme máquina aceleradora de partículas.

"A una velocidad muy cercana a la de la luz, dos conjuntos de protones circulan en sentido inverso: cuando chocan se generan, brevemente, partículas enormes. La última que se descubrió, en el Fermi, en 1995, llamada quark top, tiene 174 veces la masa de un protón. Esas partículas, que ya no existen en la Tierra, existieron en el Universo, en las milésimas de segundo posteriores al 'Big Bang'; las altísimas energías de aquellos instantes son producidas por el colisionador. Así, investigar estas partículas fugaces equivale a investigar los primeros instantes del Universo [...]. Entre aquellas partículas, interesa especialmente una, llamada bosón de Higgs, que tendría entre 130 y 200 veces la masa de un protón".

Esta suerte de "Máquina de Dios" como muchos la han bautizado, porque es capaz de reproducir lo que ha ocurrido en el principio de todas las cosas, hizo que chocaran unos 2.800 paquetes de protones que viajan casi a la velocidad de la luz, y se cruzaran unas 30 millones de veces por segundo en los cuatro puntos en los que estaban ubicados los sensores.

En tanto, los 1.232 imanes, o dipolos superconductores, están situados a todo lo largo del túnel. Tienen una longitud de 15 metros y pesan 35 toneladas. Están equipados con dos tubos por los que circulan dos haces de protones en sentidos opuestos.

La función de estos imanes es curvar la trayectoria de los haces de protones, y hacerlo de modo que esos haces colisionen sólo en los cuatro puntos en los que están colocados los sensores ATLAS, CMS, LHCb y ALICE.

Lo cierto es que el LHC, en el que tanto han invertido el CERN y los más de 20 países que lo financian, ya ha pagado en buena parte la inversión hecha, cuando descubrió la existencia real del bosón de Higgs.

Pero los científicos que trabajan en el colisionador pretenden ir más allá: se proponen localizar microagujeros negros. Leamos el informe sobre el tema publicado por *RT*, el portal de Rusia Televisión en castellano:

"El descubrimiento de dichos microagujeros a cierto nivel de energía es un paso adelante para probar la teoría de 'la gravedad arco iris', según la cual nunca ha existido nada parecido a un punto determinado del comienzo del universo, y que, en realidad, el universo se mueve hacia atrás en el tiempo de manera indefinida".

Si esta vez el colisionador es capaz de encontrar los microagujeros negros, los seres humanos sabremos que tanto la "gravedad arco iris" (se siente de manera diferente según la longitud de onda) como la existencia de otras dimensiones y universos paralelos son una realidad.

Partícula divina o maldita

El 4 de julio de 2012, un grupo de científicos del CERN le comunicó al mundo que los experimentos llevados a cabo en el gran colisionador de hadrones permitieron comprobar la existencia real del bosón que había postulado teóricamente Peter Higgs en 1964.

En una exposición llevada a cabo en el Museo de Ciencia de Londres, relacionada precisamente con el hallazgo de la inquietante partícula, habló uno de los científicos que diseñó el sensor ATLAS, y así lo reflejó el portal *Cromo*:

"Cristoph Remser, científico del CERN que diseñó uno de los detectores del laboratorio, el ATLAS, explicó a los medios de comunicación que, cada vez que se pone en funcionamiento el colisionador, se recogen alrededor de 40 millones de fotografías por segundo que sirven para analizar, posteriormente, el tipo de partículas creadas y sus características. Así, señaló que, aunque ya han demostrado que la partícula de Higgs nace en ese proceso, están continuamente utilizando el colisionador para saber cuáles son sus propiedades 'con más precisión'".

Remser aclaraba que ya se había demostrado que la partícula era, en efecto, el bosón, porque aquel 4 de julio, cuando se anunció el hallazgo, los científicos hablaron de una partícula "consistente con el bosón de Higgs". O sea, dejaban entreabierta la puerta para cualquier rectificación que fuera necesario hacer.

Poco después del anuncio de los científicos del CERN, a mediados del año 2012, el Instituto de Física de Cantabria, un centro de investigaciones de física de altas energías financiado por la Universidad de Cantabria, difundió un trabajo en el que respondía una serie de interrogantes respecto de la partícula elemental descubierta.

Así, ante la pregunta ¿por qué es tan importante el bosón de Higgs?, respondía:

"Porque es la única partícula predicha por el Modelo Estándar de Física de Partículas que aún no ha sido descubierta. El Modelo Estándar describe perfectamente todo lo que sabemos de las partículas elementales y cómo interaccionan entre ellas. Cientos de miles de observaciones de la naturaleza y experimentos de laboratorio lo corroboran con gran precisión. Sin embargo, para que este modelo sea matemáticamente correcto en un mundo como el nuestro, donde hay masa, debe existir una partícula como el bosón de Higgs".

El documento también explica que las partículas se dividen en fermiones y bosones, según una característica interna llamada espín (*spin*). Las partículas que componen la materia son fermiones, y las que producen las interacciones entre las partículas son bosones. Los fotones, por ejemplo, que son los responsables de la interacción electromagnética, son bosones.

El trabajo del Instituto de Cantabria también señala que, en realidad, el bosón de Higgs no se puede detectar directamente porque, así como se produce, se desintegra casi instantáneamente, dando lugar a otras partículas elementales más convencionales. Se sabe de su existencia por los rastros que esas otras partículas dejan en los sensores.

Y concluye:

"El bosón de Higgs no existe de forma natural en nuestro entorno, en las condiciones actuales del universo. Para producirlo, se necesitan aceleradores de partículas. En estas máquinas, se aprovecha la conversión de la energía en masa (de acuerdo con la famosa ecuación de Einstein, $E = mc^2$). Aceleran partículas conocidas a grandes energías y luego se las hace colisionar. De esta forma se pueden crear partículas que no existen habitualmente".

Por su parte, también el Instituto de Física Teórica de la Universidad Autónoma de Madrid se ocupó del hallazgo del bosón. Allí, Alberto Casas se ocupó, entre otras cosas, de explicar el proceder de los científicos responsables de los experimentos para llegar al anuncio del 4 de junio:

"De manera esquemática, la manera de razonar ha sido la siguiente: si en alguna de las colisiones entre protones que se llevan a cabo en el LHC se produce una nueva partícula con características semejantes al bosón de Higgs, ésta se desintegrará, casi instantáneamente, de formas diversas. Esas diferentes posibilidades se denominan canales de desintegración. Uno de los canales que deja una señal más clara en los detectores (aunque no es el más frecuente) es la desintegración en dos fotones. Los físicos del CMS y ATLAS han analizado todos los choques protón-protón en los que se han producido dos fotones energéticos y bien diferenciados".

Pero, más allá de cuestiones y dilemas matemáticos y físicos, lo cierto es que el bosón de Higgs (o "la maldita partícula", como la llamó en su momento León Lederman, que se enojó con sus editores cuando comprobó que a su libro lo habían titulado *La partícula divina*) fue uno de los principales protagonistas del principio del universo.

Un principio que comienza ser tangible, como diría Lederman, "a la madura edad de una mil millonésima de una billonésima de segundo". Recién pasado ese tiempo desde el Big Bang, se podía especular con cierto fundamento en torno al universo.

El bosón de Higgs, entonces, llegó para explicar qué cosa pasó antes de que hubiese transcurrido esa infinitamente pequeña parte de un segundo; porque, transcurrida esa fracción de segundo, ya se sabe que aparecieron el tiempo, el espacio y la materia.

Conclusión

El título de este pequeño epílogo es más bien pretencioso. ¿Quién podría trazar conclusión alguna en un tema que nos desborda desde hace muchos siglos, pero a la vez nos deslumbra con sucesivas revelaciones desde hace unos pocos? Nosotros, seguramente, no.

Desde aquellos primeros seres humanos que miraban hacia el cielo preguntándose por esos miles de puntitos luminosos, y buscando dioses piadosos o malvados, hasta el 4 de junio de 2012, en que otros hombres, en otro tiempo y otro espacio, ya no se preguntan por "puntitos luminosos" (y acaso tampoco por dioses), ha corrido mucha agua bajo el puente.

Poco ha quedado de la historia contada por la Biblia, y casi nada del relato de la Iglesia. Los telescopios espaciales, los experimentos con partículas y la abundante teoría conjetural nos han hecho saber que somos apenas un puntito insignificante dentro del universo, y que, casi con seguridad, no estamos solos.

Ahora sabemos, acaso con inquietud, que muy probablemente este universo que creemos único y nuestro sea, en realidad, sólo uno de tantos miles de universos diferentes. Y que es posible que el tiempo en el que vivimos y que medimos no sea más que una convención gestada por nosotros mismos para no perder líneas de referencia.

También, los enormes ojos que hoy miran el cielo nos han informado que el universo se expande velozmente; que las estrellas y las galaxias se alejan de nosotros, y que el final será un universo en extinción.

O, tal vez, el destino no sea ése, sino una suerte de regreso a aquella explosión a la que llamamos Big Bang; porque, en realidad, lo que hace el universo no es más que retroceder y retroceder en el tiempo.

Lo evidente, lo indiscutible, es que existió un hombre que cambió todos los paradigmas de la física, y también abrió la puerta para que los astrólogos miraran el cielo desde otra perspectiva.

Este hombre fue Albert Einstein, y lo hizo cuando apenas despuntaba el siglo XX. Sus ecuaciones y su teoría de la relatividad general pusieron patas arriba la física clásica y les dijeron a los astrónomos que existen agujeros negros y que el tiempo puede retroceder.

Luego de la revolución provocada por Einstein, y ya en los años 70, apareció una teoría cuántica de campos a la que se conoce como modelo estándar de física de partículas, que explica las interacciones fundamentales conocidas, y las partículas elementales que componen toda la materia.

Al modelo, para ser matemáticamente perfecto, sólo le faltaba explicar cómo se creaba la masa, y el bosón de Higgs llegó para que nada le falte a ese complejo sistema de ecuaciones.

Es notable cómo un mundo globalizado donde aún existen intereses feroces y grandes competencias, pudo ponerse de acuerdo, al menos en parte, para sumar esfuerzos en pro de conocer las verdaderas raíces del universo que habitamos. En eso, es indudable, algo hemos aprendido.

También aprendimos, al menos de manera más que aproximada, qué edad real tiene el universo, y fuimos capaces de ver tan lejos como para poder apreciar el brillo de galaxias desaparecidas hace miles de años y que nacieron cuando el universo era aún muy joven. Mucho hemos recorrido; mucho más queda por recorrer.

Sin embargo, tenemos la angustiosa sensación de que cada respuesta dispara nuevas preguntas, y que cada hallazgo deja flotando nuevos y más complejos interrogantes.

Al fin y al cabo, transitado ya el largo camino que comenzó con los primeros seres humanos mirando el cielo, vemos a nuestro alrededor y nos sigue pareciendo que todo está por averiguarse.

Apéndice fotográfico

De Prometeo al Flogisto

Derecha: óleo de 1817, de Heinrich Friedrich Füger. Prometeo roba los dioses el fuego, para uso y provecho de los mortales. Pasada la infancia del hombre, fueron necesarias otras explicaciones.

Abajo: en un laboratorio "moderno" se buscan parámetros ciertos para un mundo de huidizas leyes. Ya en el siglo XVII, Johann Becher (1635-1682) y Georg Stahl (1659-1734) hablaron del *flogisto*, sustancia que representaría la inflamabilidad.

El mundo muda su centro

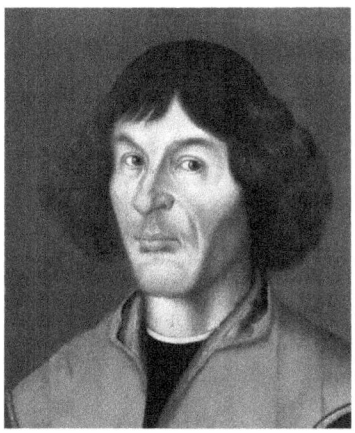

Arriba: Nicolás Copérnico (1473-1543), el científico polaco que retomó la teoría heliocéntrica de Aristarco de Samos. Su obra De *revolutionibus orbium coelestium* fue el basamento de la astronomía moderna.
Abajo: óleo de Jan Matejko (1838-1893) con un curioso nombre: *El astrónomo Copérnico en conversación con Dios*. Como su libro capital se publicó a poco de su muerte, el polaco no sufrió en vida la condena de la Iglesia. Luego sí su obra fue prohibida.

La fe o el telescopio

 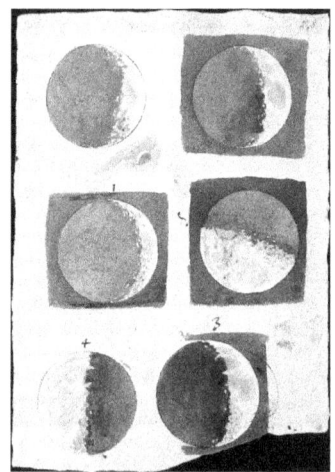

Arriba. Izquierda: el célebre retrato que *Justus Sustermans* le realizara a Galileo Galilei (1564-1642) seis años antes de su muerte.
Derecha: ilustración de Galileo sobre las fases lunares.
Abajo: óleo de Giuseppe Bertini. El astrónomo instruye sobre el uso del telescopio al Duque de Venecia. Luego vendrían los malos tiempos.

LA SEGUNDA GRAN REVOLUCIÓN

Arriba: de aspecto y actitud irreverentes, Albert Einstein (1879-1955) produjo, con su Teoría de la Relatividad Especial, el segundo "salto copernicano" de la historia de las ciencias, y abrió camino a todos los logros futuros.
Abajo. Izquierda: fotografía del eclipse de 1919, que permitió confirmar sus conclusiones respecto de la curvatura de la luz en presencia de un campo gravitatorio.
Derecha: el edifico Taipei 101 (Taiwán), rinde homenaje a la célebre fórmula: $E= mc2$.

UN UNIVERSO EN EXPANSIÓN

Arriba. Izquierda: Aleksandr A. Friedman (1888-1925), pionero que en 1922 habló de un universo en expansión acelerada. *Derecha*: el sacerdote belga y astrónomo Georges Lamaitre (1894-1966), que capitalizó lo hallado y dio un paso más allá. *Abajo*: un esquema básico del universo en expansión, con sus variables de Singularidad y Tiempo.

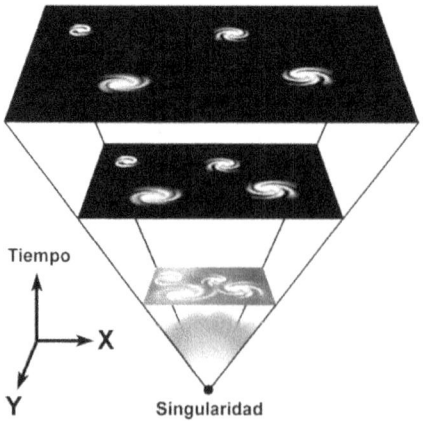

El hombre y el legado

Arriba: Edwin Powell Hubble (1889-1953), el astrónomo y astrofísico estadounidense al que se le atribuyó el descubrimiento de la Expansión del Universo. Se lo considera el padre de la cosmología observacional.
Abajo: el telescopio espacial que lleva su apellido. Puesto en órbita en 1990, obtiene y transmite imágenes con una resolución óptica inmejorable. Alimentado con energía solar, tiene adelantos técnicos que exceden la mera transmisión de imágenes, y puede, incluso, auto-repararse.

Los que realmente amplían el universo

Arriba. Izquierda: George Gamow (1904-1968), científico ucraniano que trabajó en Estados Unidos y planteó la teoría del Big Bang.
Derecha: foto de casamiento de Stephen William Hawking (n. 1942). Astrofísico británico y gran divulgador de las ciencias, trabajó en el marco de la relatividad general y predijo que los agujeros negros emitirían radiación.
Abajo: Hawking experimenta con la ingravidez en un avión de la NASA.

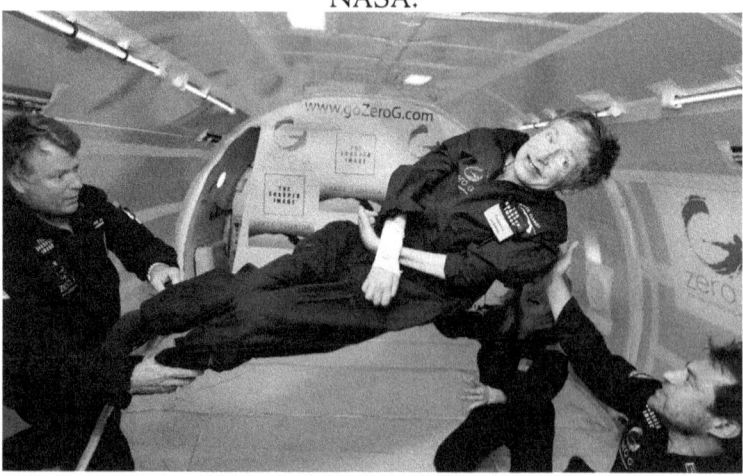

Foto. Jim Campbell/ Aero News Network

Hacia la partícula de Dios

Arriba: Peter W. Higgs (n. 1929), Premio Nobel de Física 2013. Su trabajo permitió predecir la existencia del *"bosón de Higgs"*, partícula que encerraría el gran secreto del origen del universo. *Abajo*: tramo del Gran Colisionador de Hadrones, ubicado en Suiza. En su interior, dos haces de protones son acelerados al 99,9% de la velocidad de la luz y luego se los hace chocar, buscando emular lo ocurrido poco después del Big Bang. El átomo primigenio parece estar al alcance de la mano.

Bibliografía

Alonso, Carlos Javier; "El caso Galileo", *ecojoven*, 2012.

Arrieta Urtizberea, Agustín; "Cuatro discusiones en torno al tiempo", revista *Contextos* XIII/25-26, Euskadi, 1995.

Atadía de Borghetti, Ángela; "El telescopio Hubble: los Pilares de la Creación son también los Pilares de la Destrucción", *ciencia@NASA*, 2015.

Bachiller, Rafael; "1609: Galileo y la primera observación con telescopio", diario *El Mundo*, Madrid, 2009.

Bär, Nora; "El destino del universo es disgregarse", diario *La Nación*, Buenos Aires, 2007.

Bär, Nora; "Una idea genial: la teoría de la relatividad cumple 100 años", diario *La Nación*, Buenos Aires, 2015.

Barrau, Aurélien; "La idea de múltiples universos es más que una fantástica invención", revista *Tendencias Científicas*, Madrid, 2011.

Billing, Lee; "Hallados dos exoplanetas muy similares a la Tierra", *Scientific American*, 2015.

Cantera del Río, Enrique; "Espacio, tiempo, materia y vacío", revista *Física Ru*, volumen 3, 1, Madrid, 2009.

Carletti, Eduardo J.; *La energía fantasma*, Buenos Aires, Planeta Axxon, 2003.

Carrol, William E.; "Tomás de Aquino y el Big Bang", revista *Humanitas* N° 24, Santiago de Chile, 2001.

Casas, Alberto; *El descubrimiento del bosón de Higgs*, Madrid, Instituto de Física Teórica, 2012.

Casas, Alberto; "La perturbadora teoría de los mundos paralelos", *20 minutos.es*, Madrid, 2014.

Christensen Antolín, Amelia; "Ley de Gravitación Universal", *slideshare*, 2013.

De Jorge, Judith; "Físicos creen que los universos paralelos existen e interactúan", diario *ABC*, Madrid, 2014.

Domínguez, Nuño; "El agujero negro más brillante resucita después de 26 años", diario *El País*, Madrid, 2015.

Flores, Javier; "Hubble descubre vapor de agua en Europa, una de las lunas de Júpiter", revista *Muy Interesante*, Buenos Aires, 2013.

García Abia, Pablo; "El bosón de Higgs para profanos", diario *El País*, Madrid, 2012.

Hawking, Stephen; *Historia del tiempo. Del Big Bang a los agujeros negros*, Barcelona, Planeta, 2013.

Jalfon, Maurice; "'El universo es un holograma', la teoría de un científico argentino que ahora es furor", *Infobae*, Buenos Aires, 2014.

Kaufmann, Adela; "La teoría del universo biocéntrico", *Biblioteca Pleyades.net*, 2009.

Kaulen, María; "3 teorías de viajes en el tiempo", *Portal Astronómico*, Santiago de Chile, 2013.

Lederman, León y Teresi, Dick; *La Partícula Divina. Si el universo es la respuesta, ¿cuál es la pregunta?*, Barcelona, Grijalbo-Mondadori, 1996.

Leibniz, Gottfried; *La polémica Leibniz-Clarke*, Madrid, Taurus, 1980.

Leibniz, Gottfried; *Monadología*, Oviedo, Pentalfa, 1981.

Martínez Gordo, Jesús; *Dietrich Bonhoeffer: la fe adulta y comprometida*, Santander, Facultad de Teología de Vitoria, 2009.

Martínez Rojas, Andrés Eloy; "Descubren hoyo negro más grande en el Universo", *El Universal*, México, 2008.

Mier Hoffman, Jorge; "Tiempo Paradoja", *Arqueoastronomía Worldpress*, 2012.

Nietzsche, Friedrich; *La gaya ciencia*, Madrid, Edaf, 2002.

Palmer, Jason; "Quizás haya otros universos en otras burbujas", *BBC Mundo*, Londres, 2011.

Pedreira, Javier; "El telescopio espacial Kepler de la NASA descubre su primer planeta extrasolar tras ser 'resucitado'", *RTVE*, Madrid, 2014.

Punset, Eduard; "La búsqueda de las dimensiones ocultas", *eduardpuset.es*, 2008.

Rivera, Alicia; "El astrónomo Hubble, libre de toda sospecha", *intercentres.edu.gva.es*, Madrid, 2011.

Rivera, Alicia; "El principio del fin de Hubble", diario *El País*, Madrid, 2008.

Shore, Eduardo; "La prueba de Mc Taggart de la irrealidad del tiempo", revista *Principios* N° 11-12, Natal, 2002.

Sin autor; "Albert Einstein y la relatividad", *AstroMía*, 2015.

Sin autor; *Astrosismología. Detección de planetas extrasolares*, Granada, Instituto de Astrofísica de Andalucía, 2012.

Sin autor; "Científicos creen que puede haber un túnel del tiempo en el centro de nuestra galaxia", *Revista RT*, Moscú, 2014.

Sin autor; "Cómo se descubrió el bosón de Higgs", *cronos*, 2013.

Sin autor; *El bosón de Higgs*, Santander, Instituto de Física de Cantabria, 2013.

Sin autor; "El Gran Colisionador de Hadrones pone en duda la teoría del Big Bang", *RT*, 2015.

Sin autor; "El Hubble capta el impresionante nacimiento de planetas en Orión", diario *ABC*, Madrid, 2012.

Sin autor; "El origen del universo", *National Geographic*, 2013.

Sin autor; "El telescopio espacial Hubble cumple 25 años en órbita", *Informador.mx*, 2015.

Sin autor; *El telescopio espacial Hubble: nuevas imágenes del universo*, Miami, Miami Museum of Sciece & Planetarium, 2013.

Sin autor; "El universo podría ser un gigantesco holograma", diario *ABC*, Madrid, 2015.

Sin autor; "¿Fin de la incógnita? Descubren la manera de demostrar la teoría de cuerdas", *Noticias RT*, Moscú, 2015.

Sin autor; "'Estrellas de la muerte' en Orión desintegran planetas antes de que se formen", *ALMA*, 2014.

Sin autor; "Hubble detecta molécula orgánica en exoplaneta", *De Revolutionibus*, 2008.

Sin autor; "La Máquina de Dios. Gran Colisionador de Hadrones", *bibliotecapleyades.net*, 2010.

Sin autor; "La paradoja de la curvatura espacio-tiempo: realidades supersimétricas. La relatividad absoluta", *StarViewerTeam*, Madrid, 2012.

Sin autor; "La teoría de cuerdas", *AstroMía*, 2014.

Sin autor; "Los 'agujeros de gusano' permitirán enviar mensajes a través del tiempo", *Revista RT*, Moscú, 2014.

Sin autor; "Nobel de Física a investigadores de la 'ruptura espontánea de la simetría'", diario *La Jornada*, México, 2008.

Sin autor; "Nuevas imágenes del Campo Ultra-Profundo del Hubble", *World Press*, 2012.

Sin autor; *Relatividad. Visión histórica*, Canarias, Instituto de Astrofísica, 2014.

Smolin, Lee; *Las dudas de la física del siglo XXI. ¿Es la teoría de cuerdas un callejón sin salida?*, Barcelona, Crítica, 2007.

Tello Díaz, Carlos; "En el centro del universo", *Milenio.com*, México, 2013.

Tomás de Aquino; *Suma Teológica* (varias ediciones).

Violant, Bordonau; *Paradoja del lingote de plata. Imposibilidad física de los viajes temporales*, Cádiz, Agrupación Astronómica de Cádiz, 2008.

Woollaston, Victoria; "La física cuántica demuestra que hay vida en el más allá", *bibliotecapleyades.net*, 2013.

Yanes, Javier; "Las paradojas temporales y 'El Ministerio del Tiempo'", *20 minutos.es*, Madrid, 2015.

Índice

Introducción	7
Capítulo 1 Preguntar, ese oficio del hombre	13
Capítulo 2 Del Big Bang al "gran desgarramiento"	31
Capítulo 3 Las cuerdas y los universos paralelos	49
Capítulo 4 Tiempo e inmortalidad	67
Capítulo 5 El tiempo, de la ciencia-ficción a la filosofía	79
Capítulo 6 Los increíbles hallazgos del Hubble	99
Capítulo 7 La partícula que faltaba	121
Conclusión	135
Apéndice fotográfico	141
Bibliografía	151

www.ingramcontent.com/pod-product-compliance
Lightning Source LLC
Chambersburg PA
CBHW070238230526
45470CB00002B/455